U0221056

一个人吃饭真香

（韩）白成珍 著

张恩实 译

化学工业出版社

·北京·

北京市版权局著作权合同登记号：01-2020-3502

图书在版编目（CIP）数据

一个人吃饭真香 /（韩）白成珍著；张恩实译. —
北京：化学工业出版社，2019.9
书名原文：Single Recipe
ISBN 978-7-122-34735-0

Ⅰ. ①—… Ⅱ. ①白… ②张… Ⅲ. ①烹饪–方法
Ⅳ. ①TS972.1

中国版本图书馆CIP数据核字（2019）第123973号

责任编辑：王丹娜 李 娜   文字编辑：李锦侠
责任校对：张雨彤   内文设计：八度出版服务机构

出版发行：化学工业出版社（北京市东城区青年湖南街13号 邮政编码 100011）
印   装：北京瑞禾彩色印刷有限公司
710mm×1000mm 1/16 印张13½ 字数228千字 2020年8月北京第1版第1次印刷

购书咨询：010-64518888   售后服务：010-64518899
网   址：http://www.cip.com.cn
凡购买本书，如有缺损质量问题，本社销售中心负责调换。

定   价：68.00元   版权所有 违者必究

前　言

您也是单身?

如果是单身,您不会是每天都去便利店,

或者用方便食品来解决每一餐吧?

我觉得,现在的单身族们哪怕只是吃一顿便餐,

也应该选择新鲜食材,用心制作美食,一个人美美地享受。

您可以现在开始尝试在家做饭。

起初您可能会觉得从买菜到收拾食材,

再到制作料理的这整个过程对您来说是一种辛苦,

但是稍微花点时间,勤快一点,

您会因为可以亲自做出对身体有益的菜肴而尽享喜悦。

最近食品市场上也相继出现了很多针对单身人士的食材，

所以很容易买到少量销售的食材和适合制作少量料理时使用的厨房用具。

只要具备适量的食材，在本书的指导下，

完全可以制作出家常饭菜。

用自己喜欢的食材和秘方，亲手为自己制作独一无二的料理吧。

我想，只有会为自己快乐地制作料理的人，

在组成家庭之后，才可以为家人制作出美味的料理来，

就像现在的我一样。

在结婚之前您可以尽情享受属于自己的料理，

这都会成为以后美好的回忆。

PART1　蔬菜类料理

PART2 肉类、海鲜类料理

PART3 早午餐

虽然单身食谱难以做到使所有营养成分均衡，

但是，每顿餐至少要保证三大营养成分，

不然，上了年纪以后会因为营养缺失或者营养不均衡而受苦。

即便是简单的一餐，为了让人体均衡地吸收营养成分，

有必要提前了解人体所需的营养成分有哪些种类。

即使一个人，营养也要均衡

使大脑运转的碳水化合物可以从各种
食材中汲取。

碳水化合物

米饭

通常所说的米饭是用白米制作的，若想吸收更多的营养，可以添加糙米或发芽糙米。糙米中含有丰富的膳食纤维和维生素 E，有助于预防糖尿病和高血压。

面包

有很多单身人士为了方便，经常用面包代替一顿餐，但是一个面包根本满足不了人体所需的营养，如果非要食用面包，最好选择当天制作当天销售完的面包店售卖的面包。优质的面粉含有膳食纤维和维生素B_1等。

面条

制作方法简单的面条，往往是单身人士的首选。尽量不要食用加入了较多调味料的方便面，可以在家利用各种蔬菜和肉类制作健康的面条。

蛋白质

　　除了碳水化合物以外，蛋白质对维持人体的肌肉、脏器、血液功能同样非常重要。建议做料理时先把蛋白质确定为料理的主要成分，再分为含有动物蛋白质的肉蛋类和鱼贝类，以及含有植物蛋白质的大豆类，均衡吸收。

肉蛋类

优质的蛋白质是人体的必需品，因此必须摄入。肉类和蛋类中含有丰富的动物蛋白质。

鱼贝类

鱼贝类中虽然含有丰富 ω-3脂肪酸，但是很多单身族认为收拾鱼贝类比较麻烦，市场上也出现了很多收拾好的鱼贝类产品。

大豆类

大豆中含有丰富的营养成分，可以每天食用。用大豆制作的代表性食品有豆腐、豆油和大酱等。

维生素和矿物质

只要经常食用含有丰富的维生素和矿物质的食品，就不需要额外购买能量饮料来补充营养了。

淡色蔬菜　　　　含有丰富的维生素C和膳食纤维的淡色蔬菜会起到防止人体被氧化的作用。而葱、蒜、姜等香辛蔬菜在暖身的同时还可以帮助人体吸收维生素 B_1。淡色蔬菜主要有圆白菜、黄瓜、绿豆芽、芹菜等。

绿色蔬菜　　　　含有丰富的胡萝卜素和维生素C、膳食纤维的绿色蔬菜同样可以防止人体被氧化，且有助于保护视力。另外，还有助于皮肤美容和消除疲劳。

块茎类蔬菜　　　可当作零食或正餐食用的块茎类蔬菜又被称为"田地里的苹果"，它除了含有丰富的维生素，还富含有助于缓解便秘的膳食纤维。

蘑菇类

　　蘑菇中不仅含有膳食纤维，还含有丰富的维生素D。尤其是晒干的蘑菇中含有的营养

成分更丰富。

海藻类

紫菜和海带等海藻类食品中含有丰富的矿物质，有利于身体健康。因为海藻类食物的热量较低，非常适合减肥中的单身族食用。

下厨房必备的基础知识

1. 食材切割法

根据所做的料理不同，食材的切割方法也有所区别。掌握好几种经常使用的切割方法，在学习制作料理的过程中会有很大帮助。

切丝
把食材先切成薄片后，再以0.1厘米左右的宽度切割。可根据具体的料理适当调整切割的大小。

环切
主要用于切黄瓜或萝卜。

斜切
顺着食材的形状斜切的方法。主要用于炖鱼，根据具体料理掌握切割的厚度。

滚刀切
通常在炖菜时使用的切割方法。把食材旋转适当角度按照均一的大小切割最突出的部分。

切半圆
把圆形食材按照喜欢的厚度切割后再切半，切成半圆形。

切银杏叶
切成半圆形后再切半的方法，即把圆形食材切成4等份，主要用于汤类食材的切割。

横切片
主要在切生鱼片时使用的
方法。

切末
切末之前，先把食材切薄，
这样会更加容易切末。

切薄片
主要用于切蒜、姜等比较小
的食材。

切块
把食材切成块状的方法。

切碎
通常用于切长条形的食材，
如辣椒、葱等。

削薄片
把胡萝卜等较硬的食材如
同削铅笔一样削成薄片的
方法。

2. 基本计量法

本书主要通过计量勺、计量杯、秤进行计量。新手们往往很难仅靠眼睛和手来掌握准确的量，因此，熟练到一定程度之前最好用计量工具掌握准确的量。使用计量勺一定要抹平勺面，使用计量杯一定要看好刻度。最好掌握每种食材1大勺、1小勺的重量。

1大勺=15毫升

1大勺的重量为

18克的食材：盐、酱油、味精、日本大酱

15克的食材：水、醋、酒

12克的食材：食用油、香油、蛋黄酱、黄油

9克的食材：白糖、淀粉、面粉

3克的食材：面包粉

1小勺=5毫升

1小勺的重量为

6克的食材：盐、酱油、味精、日本大酱

5克的食材：水、醋、酒

4克的食材：食用油、香油、蛋黄酱、黄油

3克的食材：白糖、淀粉、面粉

1克的食材：面包粉

1杯=200毫升

1杯的重量为

100克的食材：白糖、淀粉、面粉

3. 厨房必备工具

料理制作的成败还取决于使用的工具。质量好的平底锅，即便是新手也能做出嫩滑的鸡蛋卷，刀刃锋利的刀具能让您切割出完美的紫菜包饭。下面介绍制作料理必备的工具，建议大家使用。

菜板
和木质菜板相比，塑料菜板更容易保持卫生。即便进行消毒，菜板还是很容易造成细菌繁殖的，因此最好区分肉类、生鲜用菜板和蔬菜、水果用菜板。

刀
建议选择方便拿握的刀。价格昂贵的刀要注重保养，可以定期交给专业机构进行处理。

削皮器
刮去蔬菜皮或水果皮时使用的工具。削皮器的刀刃非常锋利，使用时要注意安全。

厨房剪刀
用于很难用刀切开的生鲜或肉类的剪切。剪刀容易生锈，因此一定要在张开的状态下晾干。

烧锅
有单手把、双手把等多种烧锅。最好具备一个中号的双手把烧锅和一个小号的单手把烧锅。

平底锅
最好选择质量好的，即便用少量的油也完全可以做出一道菜。

笊篱

笊篱是经常用到的厨房用具。相比木制产品，用塑料或不锈钢制作的产品更实用。

盆

准备一个可以用于拌菜、拌面、做沙拉以及和面等的玻璃或不锈钢制成的小盆，不会生锈，不会有塑料味，使用起来非常方便。

密封容器

市场上有多种材质和不同大小的密封容器。购买时最好选择同时具备微波炉加热功能的容器。

冷冻拉链袋

可以冷冻的拉链袋的密封性能非常好，将食材放入拉链袋中进行冷冻，可以维持食材的新鲜度。

其他

包括油炸食物时用的筷子、漏勺，方便炒菜的木质铲子，以及方便食材切丝或者捣蒜用的工具和捞面或者烤肉时使用的夹子等。

4. 创意工具

下面是推荐给新手或者时间紧迫的上班族的创意厨房工具。还介绍了几个能节省时间并且使用方便的工具。

"一石三鸟"的平底锅
可以同时做出3种料理的平底锅，在繁忙的早晨是再好不过的帮手了。

去皮手套
这是在日本一度畅销的创意手套，即便是使用刀或削皮器也很难去皮的食材，用去皮手套可以轻松去皮。由于去皮手套的表面非常粗糙，即使不用很大的力气也可以轻松去掉薄薄一层皮。

手动搅拌器
拥有一个手动搅拌器会让您的料理制作起来更加简单。如果觉得购置高档工具有负担，建议您购买手动搅拌器。不仅可以把食材切末，还可以作为鸡蛋液等的搅拌器。

捣蒜器

切成一半的大蒜放进捣蒜器中，轮子在厨房台面上来回滚动几次即可。最后开启盖子刮出大蒜后，用流水冲洗。

硅胶手套

拿取高温烧锅或者从烤箱中取出铁板或其他器皿时使用，和以往的厚手套相比又薄又小，使用方便。因为与锅接触的部分为硅胶材质，还可以防滑。

微波炉用具

还有很多非常适合单身族的既有创意又便于使用的工具。例如，只要将意大利面和水放进微波炉就能煮开的容器、装好食材后盖上盖子加热的容器以及蒸蛋器、烤生鲜垫等。

煮意大利面容器

蒸盒

蒸蛋器

烤生鲜垫

5. 基本调料

基本调料是指一些必备的调料。有了这些调料，制作料理时就不会遇到麻烦。先掌握好这些调料，随着熟练程度的加深再多掌握几种调料即可。

醋

通常建议新手们使用米醋。用米醋酸味不浓，味道香。另外还可以根据个人喜好选用苹果醋或柠檬醋。

酱油（生抽和老抽）

生抽由于颜色较浅，要避免为了满足色泽而使用过多的量。生抽和老抽的用途及盐度不同，因此一定要区分使用。生抽的颜色较浅，适用于想维持原有颜色的场合，老抽适合在需要上色的炖菜或炒菜中使用。

盐

建议使用味道柔和的低钠盐。品质好的海盐中含有丰富的矿物质，也可以选用。

味淋

味淋是日式调味料，是用米制作的带有甜味的料酒。料理中加入味淋可在增加甜味的同时使料理的口感更柔和。

胡椒粉

每次使用前先搅碎，会保持更浓的香味。

大酱、辣椒酱、包饭酱

酱类自己制作起来比较麻烦，可以在市场上选择适合的产品。为了满足不同的需求，目前在市场上有很多种类的产品。

辣椒粉

分为腌泡菜用的和料理用的。腌泡菜用的颗粒较大，料理用的接近于粉状。如果喜欢醇正的极辣的味道，可以选择腌泡菜用辣椒粉；如果喜欢单纯的辣味，可以选择料理用辣椒粉。

糖

虽然白糖的甜味最醇正，使用起来最方便，但是用甘蔗糖、玉米低聚糖等调味料代替白糖能够满足不同人的需求。

橄榄油

很多人都不太了解橄榄油的用途。橄榄油的发烟点较低、不适合用于油炸、煎炒、烧烤等料理。否则会产生反式脂肪，产生致癌物质。

芥花籽油

由于芥花籽油的发烟点较高，适合用于油炸、煎炒等。但购买时要注重品质，慎重选择。

香油，白苏油

市场上有售高品质的香油和白苏油。油类在提取的过程中会被氧化，因此最好每次少量购买。

6. 冷冻储藏法

购买食材，一般情况下很难买到1人份的量。估计大家都有过因为食材长期放在冰箱中而变质，最后白白扔掉的经历。为了不浪费这些食材，可以学习下面介绍的内容，把食材先分成1人份的量，然后冷冻。

米饭

趁热，把每一碗米饭用保鲜膜包好，装进拉链袋中，冷却后再冷冻。食用时在微波炉中加热3~4分钟即可。

面包

装进拉链袋中冷冻。最好先用保鲜膜包好每一块，再装进拉链袋中。食用时在微波炉中加热30~40秒钟即可。

面

面分为可以冷冻的面和不可冷冻的面。其中，意大利面可以冷冻。冷冻方法为煮面，沥水，趁热加入1大勺橄榄油，搅拌后分成1人份，装进盒子里冷冻。解冻时可在微波炉中加热30~60秒钟。

鸡肉

分成1次使用的量（100克），装在拉链袋中冷冻储藏。解冻时在微波炉中加热2分钟（或者在稍微冰冻的状态下做料理）。

薄猪肉

分成1次使用的量（100克）装在拉链袋中冷冻储藏即可。解冻时在微波炉中加热2分钟（或者在稍微冰冻的状态下做料理）。

肉末

用保鲜膜包好后，使用筷子按压，分成1次使用的量（100克），装在拉链袋中冷冻储藏。使用时按照用筷子按压的痕迹断开使用。利用微波炉加热2分钟即可。

火腿

整块火腿可以分成1次使用的量（50克左右），用保鲜膜包好，切片火腿可以用保鲜膜分别包好每一片，包好的火腿装在拉链袋中冷冻。冷冻状态下可直接用于料理或者在常温下解冻后使用。

培根

培根可以直接卷起或切成适当的大小再冷冻，也可以用保鲜膜包好，或者装在密封容器中冷冻。因为培根可以在冷冻状态下切割，所以可直接用于料理。

鱿鱼、章鱼、虾

鱿鱼、章鱼、虾等食材分成1次使用的量，用保鲜膜包好后，冷冻储存。鱿鱼和虾等食材，如果用微波炉解冻，很容易熟，因此最好用流水解冻。甲壳类食材可以在稍微解冻后切块，直接用于料理。

切块鱼

将鱼切好，用保鲜膜分别包好每一块，装在拉链袋中冷冻。解冻时用微波炉加热2分钟即可。

整条鱼

半干的鱼，用保鲜膜分别包好每一条，直接冷冻。秋刀鱼等新鲜的鱼，先去掉鱼头和内脏，再用保鲜膜包好，装进拉链袋中冷冻。解冻时用微波炉加热2分钟（以100克为基准）。

贝类

在盐水中彻底除去淤泥之后，再用清水搓洗贝壳。将清洗之后的贝壳装在拉链袋中平铺，再冷冻。冷冻状态下可直接用于料理。

带叶蔬菜
开水中加入1小勺盐，放入蔬菜焯30~60秒钟，再用凉水冲洗，沥净水分后，切成5厘米的长度，每100克用保鲜膜包好冷冻。冷冻的蔬菜可直接用于汤类料理或炒菜。

西红柿
洗净，去蒂，直接用保鲜膜包好冷冻。冷冻状态下可直接用于炒菜、汤类、酱料。

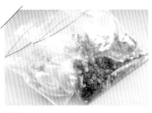

葱
大葱或香葱等斜切后，直接装在拉链袋中冷冻，冷冻状态下可直接用于汤类、炒菜等料理。

西蓝花
切成适当大小的西蓝花加入到添加了1小勺盐的开水中焯，再用凉水冷却，沥干水分，装在拉链袋中冷冻。直接食用时，用微波炉解冻1分钟即可（用于料理时可在冷冻状态下直接用于汤类、炒菜等）。

辣椒、彩椒、青椒
辣椒可以直接冷冻。彩椒和青椒收拾好后，切成适当大小装在拉链袋中冷冻。冷冻状态的辣椒或彩椒，如果在常温下解冻会流失水分，因此应在冷冻状态下直接使用。

生姜、蒜
生姜或蒜等食材，即便储藏在冰箱中也不会影响味道。如果需要大量储藏，可以捣碎或者切片冷冻。在冷冻状态下可以用刀切下一部分使用，或者可以放进冰块冷冻盒里冷冻。

蘑菇类
切掉蘑菇的底部后，用手撕成方便食用的大小，装在拉链袋中冷冻保存。在冷冻状态下可直接用于料理。

7.不可冷藏的食材

冷藏虽然可以较长时间保存食材，但是不见得所有食材都适合冷藏。下面了解一下哪些食材不宜冷藏。

水分多的食材

不宜冷藏的有圆白菜、黄瓜等用于制作沙拉的蔬菜。而西红柿这种食材，用于加热的料理时，选择冷藏的西红柿会方便去皮，相反用于沙拉等生吃料理时，不宜使用冷藏的西红柿。另外，鸡蛋也是不宜冷藏的食材。尤其是煮好的鸡蛋，冷藏后会影响味道。还有豆腐，长时间放在冰箱中会变得松软，影响口感，因此不宜冷藏。

多油的食材

蛋黄酱、油豆腐等带油的食材因为水和油的结冰点不同，在冷藏的过程中油和水会分离。

烹饪的基本技巧

做米饭

①倒入米和水

准备好电饭锅，先倒入米，再倒入水。

②淘米不使劲

米的营养主要分布于胚芽中，淘米时若过于用力会使胚芽脱落，不仅丢失营养，还会影响口感。一般快速冲洗一两次即可。

③浸泡30分钟以上

最好浸泡30分钟以上，使米充分吸收水分。虽然对于单身族来说可能难以做到，但是用充分浸泡的米做成米饭后可以品尝到很好的风味和口感。

④适当掌握米和水的比例

最好利用电饭锅的刻度或者计量杯掌握准确的量。因为即便是对操作非常熟悉的主妇，如果只是利用手和眼睛估计水量，也难免会有失误，所以新手们最好习惯使用计量杯。

⑤迅速搅和米饭

一旦完成煮饭，要迅速打开锅盖，将米饭分为4等份后，用饭铲将米饭翻过来，散掉蒸汽。

⑥盛米饭

做米饭的最后一个步骤是盛饭，而盛饭时用饭铲轻轻铲米饭后，要小心地盛到碗里，使米粒保持原样会令人更有食欲。

做高汤

①银鱼高汤

　　使用频率最高的银鱼汤，可以在短时间内制作完成。

食材

水1升、海带（10厘米）1根、银鱼6~7条

制作方法

1．烧锅中注入1升水，放入海带后，放进冰箱1~24小时。

2．捞出浸泡好的海带后，添加银鱼煮5~6分钟。

3．煮开后，捞出银鱼即可。

②鲣鱼脯高汤

　　是用鲣鱼脯制作的常用于日餐的汤。

食材

水1升、鲣鱼脯60克

制作方法

1．烧锅中注入1升水，加入鲣鱼脯煮制。

2．在煮开前关火，捞出鲣鱼脯即可。

③速溶汤

　　速溶汤分为固体型、颗粒型、液体型。固体速溶汤的比例为：1杯水添加2/3块（如图大小）；颗粒速溶汤的比例为：1杯水添加1小勺；液体速溶汤有不需要稀释的和2倍稀释的、3倍稀释的等多种产品，具体食用方法要参考产品标识。

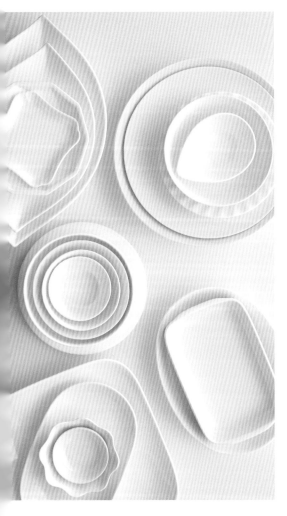

装盘

①选择器皿

喜欢料理的人总会把采购漂亮的器皿当作乐趣。而在家里很难像在饭店一样采购大量的器皿，所以最好选择可以匹配任何料理的白色器皿。杯子最好挑选硬度较高、耐高温的产品，可以长时间使用。

②装盘技术

比起装满，七成左右的装盘会显得更美观。适当掌握装盘的量不仅令人感觉清新，而且可以根据不同的季节带来不同的变化。大块的料理与其平铺在盘子中，不如叠加装盘，因为有立体感的料理会让人更加有食欲。但是不能堆积如山，要保持适当高度。

另外，还要利用能勾起食欲的颜色。蓝色系往往会降低人们的食欲，相反红色系和黄色系会刺激食欲。但是即便如此，也不要全部使用红色系和黄色系，最好适当添加绿色系的西芹等食材。

PART1　蔬菜类料理

通常单身族们最缺少的营养就是维生素C。

维生素是我们身体必需的营养成分。

单身的日子虽然很难保证维持各种营养均衡，但是
哪怕一星期只有1~2次自己做饭，也要尝试用各种
蔬菜制作健康的家常菜。

拌饭+莲藕大酱汤+拌萝卜

这是不需要把蔬菜一个个用水焯过的拌饭套餐。加入藕片的大酱汤和爽口的拌萝卜，不仅蔬菜种类多，而且营养丰富，是一顿即便一个人食用也会觉得幸福的美食。

食材

拌饭

鸡蛋 1个

胡萝卜 20克

菠菜 2根

蕨菜 20克

绿豆芽 50克

蒜（切末） 1瓣

牛肉 50克

米饭 1碗

食用油 适量

辣椒酱 1大勺

香油 1大勺

莲藕大酱汤

莲藕 40克

香菇 2片

胡萝卜 10克

水 3杯

银鱼 5~6条

蒜（切末） 1瓣

青辣椒（切碎） 1个

大酱 1大勺

拌萝卜

日式腌萝卜 30克

辣椒粉 1/2小勺

白糖 1/3小勺

香油 1小勺

白芝麻 1小勺

拌饭

1 准备好煎鸡蛋。

2 胡萝卜切成长5厘米的丝，菠菜和蕨菜切成和胡萝卜相同的长度。绿豆芽洗净。

3 平底锅中倒入适量食用油翻炒蒜和牛肉。待牛肉熟后，加入切好的胡萝卜和蕨菜炒3分钟，
  等胡萝卜变软后加入菠菜和绿豆芽再炒2分钟。

4 平底锅中加入米饭，炒一会儿，添加辣椒酱和香油。

5 炒好的饭盛入碗中，最后放上煎鸡蛋即可。

莲藕大酱汤

1 莲藕去皮后，切成0.5厘米厚的片，再切成4等份。香菇切薄片，胡萝卜去皮，斜切成片。

2 烧锅中加入3杯水和浸泡了7~8分钟银鱼后的银鱼高汤。

3 银鱼高汤中加入提前准备好的食材和蒜末，煮3~4分钟，加入青辣椒，再煮3分钟。

4 最后加入大酱，搅拌开，再煮1~2分钟即可。

拌萝卜

1 日式腌萝卜切成适当大小的块。

2 加入辣椒粉将萝卜染色。

3 添加白糖、香油、白芝麻搅拌即可（也可加葱花装饰）。

炖鸡肉+海带汤+南瓜沙拉

含有丰富纤维的炖鸡肉不仅可以维持食材原有的味道，而且有助于消化。虽然收拾食材有些烦琐，但是其可口的味道总会让人无法忘记。炖鸡肉还可以搭配味道醇正的海带汤和南瓜沙拉。

食材

炖鸡肉	海带汤	南瓜沙拉
鸡肉（带皮） 200克	开水 2杯	南瓜 100克
牛蒡 150克	鸡汤 1/2小勺	原味酸奶 1大勺
莲藕 120克	盐 1/4小勺	白糖 1/2小勺
胡萝卜 200克	胡椒粉 适量	蛋黄酱 1/2大勺
香菇 4朵	海带（泡发） 20克	盐 适量
魔芋 200克	香葱（切小段） 1根	
鲣鱼汁 4杯		
酱油 8大勺		
白糖 1大勺		
味淋 8大勺		
尖椒 5~6个		

炖鸡肉

1 带皮治净的鸡肉切成适当大小的块，鸡皮朝下用干锅烤，烤出的鸡油用纸巾擦拭。

2 牛蒡、莲藕、胡萝卜去皮后，切成适当大小。香菇去掉根部，魔芋切成适当大小。

3 在步骤1❶中加入鲣鱼汁和酱油、白糖、味淋，再加入步骤2，用中火烧开。盖上锅盖，开始炖。

4 待所有食材熟透后，加入尖椒炖3~4分钟即可。

❶ 此处指步骤1中的食材，全书同。

海带汤

1 在开水中加入鸡汤、盐和胡椒粉，再次烧开。

2 最后加入海带和香葱即可。

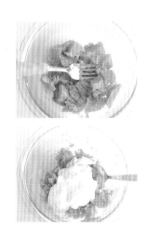

南瓜沙拉

1 南瓜去瓤后，切成2厘米×2厘米的块，切好的南瓜用蒸锅蒸熟，或者装盘用保鲜膜包好，在微波炉中加热2分钟。

2 放凉的南瓜同其他食材一同搅拌即可。

豆芽饭+白菜大酱汤+拌黄瓜

　　带有香气的豆芽饭，只要有可口的调料酱，即便没有任何其他配菜也会让您觉得既美味又健康。当没有胃口的时候可以给自己准备白菜大酱汤和酸甜的拌黄瓜，保证能找回您的食欲。

食材

豆芽饭

牛肉　100克

酱油　2大勺

香油　1小勺

胡椒粉　适量

豆芽　100克

大米　2杯

调料酱

酱油　3大勺

醋　3大勺

大葱末　1大勺

蒜　1瓣

白糖　1小勺

香油　1大勺

芝麻　1小勺

辣椒粉　1小勺

白菜大酱汤

水　6杯

小银鱼（高汤用）　6~7条

白菜叶　3片

牛肉　50克

蒜　1瓣

大酱　1/2大勺

大葱　1/2根

尖椒　1个

拌黄瓜

黄瓜　50克

盐　适量

香芹　2根

洋葱　40克

红辣椒　1个

调料酱

辣椒酱　1/2大勺

辣椒粉　1/2小勺

白糖　1小勺

香油　1小勺

芝麻　1小勺

豆芽饭

1 牛肉切成适当大小，用准备好的酱油、香油、胡椒粉腌制5分钟左右。

2 豆芽收拾好后，洗净。

3 洗好米后，倒入电饭锅，再加入牛肉和豆芽，煮饭。

4 煮好饭后，用饭铲掀翻锅底的米饭，搅拌均匀，盛入碗中。

5 搭配调料酱食用即可。

白菜大酱汤

1 在准备好的水中加入小银鱼煮7~8分钟，捞出银鱼。

2 白菜叶和牛肉切成适当大小，蒜切末。

3 将切好的白菜叶和蒜末加入银鱼汤中，煮5~6分钟。

4 再加入大酱和斜切的大葱及尖椒再煮4~5分钟即可。

拌黄瓜

1 黄瓜用盐水洗净后，先切半再斜切成片。香芹切成5厘米长的段。洋葱切片，用凉水浸泡5分钟。红辣椒切薄片。

2 大碗中倒入所有准备好的食材和调料酱，搅拌均匀。

沙拉乌冬面+烤奶酪莲藕+牛蒡浓汤

沙拉和凉乌冬面相结合后，再洒点香油，味道会与众不同。牛蒡浓汤原本的特点是口感嫩滑，而这里的牛蒡浓汤会让您发现牛蒡还有另一种口感。

食材

沙拉乌冬面

猪肉片（火锅用） 50克

圆生菜 2片

黄瓜 35克

洋葱 40克

西红柿 70克

乌冬面 1人份

香油 3~5大勺

烤奶酪莲藕

莲藕 40克

醋 适量

食用油 适量

酱油 2大勺

奶酪（比萨用） 2大勺

牛蒡浓汤

牛蒡 80克

醋 适量

洋葱 150克

食用油 适量

鸡汤 1杯

盐 1小勺

奶油 1/3杯

胡椒粉 适量

沙拉乌冬面

1 将猪肉片用开水烫一下，迅速捞出，放入冰水中冷却，沥水。

2 圆生菜切小片，黄瓜和洋葱切薄片，将它们泡入凉水中5分钟。西红柿切片。

3 乌冬面用开水煮熟后，放入凉水中冷却。

4 冷却好的乌冬面盛入碗中，放上其他食材。

5 根据喜好将香油洒在上面。

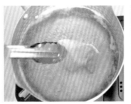

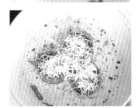

烤奶酪莲藕

1 莲藕切成1厘米厚的片，在滴入了醋的水中浸泡5分钟，沥水。

2 平底锅中倒入食用油，煎制莲藕片。

3 煎好的莲藕片上洒上酱油腌制后，放上奶酪继续烤到奶酪化开为止。

牛蒡浓汤

1 牛蒡分成两半，一半去皮，削成铅笔头模样；另一半切碎后，用滴入了醋的水浸泡5分钟。洋葱切薄片。

2 烧锅中倒入食用油，留出少量洋葱，将其余的洋葱翻炒一会儿，加入切碎的牛蒡、鸡汤、盐，盖上锅盖，用中火烧10分钟以上。

3 留出的洋葱和牛蒡在预热到175℃的油锅中迅速炸制。

4 煮好的步骤2连汤一同倒入搅拌机，搅碎后倒回烧锅中，继续烧开，加入奶油，再次烧开。

5 烧开的汤倒入碗中，撒适量胡椒粉，再加入炸好的洋葱和牛蒡即可。

麻婆茄子+中式鸡蛋汤+小银鱼炒青椒

　　勾起食欲的辣味麻婆茄子搭配口感嫩滑的中式鸡蛋汤再合适不过了。配上小时候爱吃的炒小银鱼便成为了一顿营养满分的中式料理。

食材

麻婆茄子

食用油　适量

大葱　1/3根

猪肉末　50克

长茄子　80克

豆瓣酱　1大勺

胡椒粉　1小勺

水　1/2杯

水淀粉　1/2大勺

鸡汤　1小勺

蒜　1瓣

香油　1小勺

中式鸡蛋汤

胡萝卜　适量

香菇　1朵

大葱　适量

鸡蛋　1个

水　2杯

鸡汤　1/3小勺

盐　1/3小勺

胡椒粉　适量

水淀粉　1小勺

小银鱼炒青椒

青椒　20克

小银鱼　50克

白芝麻　1小勺

食用油　适量

调料酱

酱油　1大勺

味淋　1大勺

白糖　1/2小勺

麻婆茄子

1 蒜和大葱切末。长茄子切成5厘米长的段，每段分成8等份。

2 平底锅中倒入适量食用油、蒜末、葱末、猪肉末翻炒。加入茄子，炒到茄子变软后，再加入豆瓣酱继续翻炒。

3 炒到可以闻到辣味之后，倒入鸡汤和水，收汁后，加入胡椒粉和水淀粉掌握好稠度。

4 加入香油搅拌即可。

5 可用香葱和红辣椒点缀。

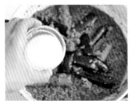

中式鸡蛋汤

1 胡萝卜和香菇切丝。大葱斜切成片，将鸡蛋液打入碗中，搅匀。

2 烧锅中倒入水和鸡汤，加入胡萝卜和香菇，烧开后调成小火，加入鸡蛋液和大葱再煮一会儿。

3 待鸡蛋液熟后，加入盐和胡椒粉，用水淀粉调稠度。

 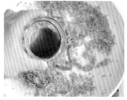

小银鱼炒青椒

1 青椒去瓤，切丝。

2 平底锅中倒入适量食用油，放入小银鱼炒一会儿，待小银鱼变为金黄色，调成小火倒入调料酱腌制。

3 收汁后，加入青椒一同翻炒。

4 等闻到青椒味后，关火，撒白芝麻搅拌即可。

炸蔬菜+辣炖土豆+鱿鱼汤

　　口感清脆的炸蔬菜搭配辣味佐料，瞬间变成了非常不错的菜肴。再配上咸丝丝的炖土豆和辣味鱿鱼汤，是一顿令您饱腹感十足的料理。炸蔬菜可根据自己的喜好选择不同的食材。

食材

炸蔬菜	辣炖土豆	鱿鱼汤
洋葱　150克	土豆　200克	鱿鱼　1/2条
胡萝卜　65克	尖椒　1个	萝卜　1段（3厘米）
红薯　125克	酱油　3大勺	大葱　1/2根
茼蒿　65克	辣椒粉　1/2小勺	水　3杯
低筋面粉　4大勺	白糖　1/2小勺	蒜（切末）　1瓣
水　5大勺	味淋　3大勺	辣椒粉　适量
调料酱	香油　1小勺	盐　2/3小勺
盐　1小勺		酱油　1大勺
尖椒　1个		胡椒粉　适量
酱油　4大勺		茼蒿　65克
醋　4大勺		
白糖　1大勺		

炸蔬菜

1　洋葱、胡萝卜、红薯切成5厘米长的丝。茼蒿切成相同的长度。

2　大碗中倒入低筋面粉和水搅拌好后，加入所有蔬菜搅拌成蔬菜团。

3　蔬菜团放入预热到175℃的油锅中油炸后，放在厨房用纸上吸去表面的油。

4　蘸上调料酱食用即可。

辣炖土豆

1　土豆去皮，切成适当大小的块，尖椒切末。

2　烧锅中加入除香油以外的所有食材，用中火炖6~7分钟。

3　待土豆熟透，关火加入香油轻轻搅拌即可。

鱿鱼汤

1　鱿鱼切成适当大小，萝卜切片，大葱斜切成片。

2　烧锅中倒入水烧开后，加入鱿鱼、萝卜、大葱、蒜末、辣椒粉，再次烧开。

3　鱿鱼和萝卜熟透后，加入盐、酱油、胡椒粉。最后关火，加入茼蒿即可。

蘑菇山药砂锅+鸡胸肉炒韭菜+芝麻醋拌西红柿

蘑菇山药砂锅是非常适合在秋季食用的料理。这道料理可以品尝到蘑菇和山药的原味。搭配美味的鸡胸肉炒韭菜和芝麻醋拌西红柿更有惊喜。

食材

蘑菇山药砂锅

各种蘑菇　200克

大葱　1/2根

山药　1段（10厘米）

五花肉　50克

胡椒粉　适量

汤

干鲣鱼卷高汤　3杯

酱油　2大勺

清酒　2大勺

白糖　1小勺

鸡胸肉炒韭菜

鸡胸肉　50克

盐　1/2小勺

胡椒粉　适量

淀粉　1大勺

韭菜　3根

干辣椒　2个

食用油　适量

黑芝麻　适量

调料酱

酱油　2大勺

醋　1大勺

白糖　1小勺

芝麻醋拌西红柿

西红柿　150克

酱油　1/2大勺

盐　适量

醋　1大勺

白芝麻（碾末）　1/2大勺

蘑菇山药砂锅

1 蘑菇去根，切成适当大小。大葱斜切成片，山药用擦菜板研磨。

2 五花肉切成适当大小，撒上胡椒粉。

3 干鲣鱼卷高汤中加入酱油、清酒和白糖调味。

4 烧锅中放入蘑菇、五花肉和大葱，再加入已调好味的汤，煮10分钟左右。

5 煮熟后，关火，加入研磨好的山药即可。

 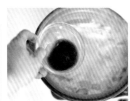 

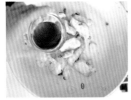

鸡胸肉炒韭菜

1 鸡胸肉撕成适当大小，撒盐和胡椒粉搅拌后，裹一层淀粉。

2 韭菜切成5厘米长的段，干辣椒切成小段。

3 平底锅中加入适量食用油，煎制鸡胸肉。

4 加入韭菜、干辣椒和提前做好的调料酱翻炒。

5 食材炒熟后装盘，撒黑芝麻。

芝麻醋拌西红柿

1 西红柿如图所示留下十字刀口后，用热水
  烫30秒钟，再放进凉水中去皮，切成适当
  的大小。

2 西红柿中加入酱油、盐、醋。

3 最后加入白芝麻末搅拌即可。

圆生菜牛肉卷+柠檬腌萝卜+芥末拌长豆角

　　这是能够品尝到肉质原味的新概念圆生菜牛肉卷。另外，味道酸甜的柠檬腌萝卜和口感有趣的芥末拌长豆角的制作方法简单，适合经常在家制作。

食材

圆生菜牛肉卷

圆生菜（取叶） 6片

西红柿 1个

胡萝卜 70克

洋葱 75克

面粉 1小勺

牛肉（烤肉用） 300克

盐 适量

胡椒粉 适量

意大利面（磨成粉） 适量

香芹 适量

汤

水 2杯

白葡萄酒 1/2杯

固体鸡汤 1块

月桂叶 1片

盐 1/3小勺

胡椒粉 适量

柠檬腌萝卜

萝卜 150克

柠檬 70克

白糖 1大勺

盐 1小勺

芥末拌长豆角

长豆角 4根

盐（制盐水用） 适量

芥末 1小勺

蛋黄酱 1小勺

圆生菜牛肉卷

1 圆生菜去掉较硬的根部，挑选柔软的叶子，用热水焯一下。

2 西红柿、胡萝卜、洋葱均切成1厘米×1厘米的块。

3 平铺焯好的圆生菜叶，大小约为长20厘米、宽30厘米，放上牛肉，撒上足够的面粉、盐、胡椒粉，卷成卷。

4 用意大利面粉粘住圆白菜卷的接口，保证不散开。

5 烧锅中加入适量的汤、圆生菜卷以及其他蔬菜，用中火烧开，调成小火煮20分钟，用盐调味，切成适当的大小装盘，用香芹装饰。

柠檬腌萝卜

1 萝卜切成3厘米的长条，加入1/3小勺盐，腌制10分钟以上除去水分。取1/3的柠檬切薄片后，再分成四等份，剩余的柠檬榨汁。

2 柠檬汁中加入白糖和2/3小勺盐搅拌均匀。

3 在柠檬汁中放入去除水分的萝卜，加入柠檬片，放进冰箱腌制30分钟左右。

芥末拌长豆角

1 长豆角用烧开的盐水烫2~3分钟，过凉水后切成适当的长度。

2 碗中放入长豆角、芥末和蛋黄酱搅拌均匀即可。

PART2 肉类、海鲜类料理

肉类中含有丰富的蛋白质，适量食用有利于健康。
另外，含有丰富的牛磺酸和锌、有助于缓解疲劳的
海鲜类对单身族来说也是不可缺少的食物。

五花肉辣白菜汤+平菇饼+炒蕨菜

辣白菜和五花肉永远都是绝配。通常辣白菜汤中会加入五花肉或者金枪鱼，而我个人觉得加入五花肉更美味。加入大块五花肉的辣白菜汤不管是配米饭，还是当作下酒菜都是头等料理。

食材

五花肉辣白菜汤

辣白菜　100克

辣白菜汤　1/2杯

蒜（切末）　1瓣

五花肉　50克

食用油　适量

银鱼高汤　4杯

大葱（斜切）　1/2根

胡椒粉　1/3小勺

平菇饼

平菇　100克

洋葱　70克

胡萝卜　20克

韭菜　10克

低筋面粉　2大勺

鸡蛋　1个

盐　1/3小勺

食用油　适量

调料酱

酱油　2大勺

醋　2大勺

炒蕨菜

蕨菜　200克

蒜　1瓣

食用油　1大勺

盐　1/4小勺

香油　1小勺

五花肉辣白菜汤

1 烧锅中加入适量食用油和切好的辣白菜、辣白菜汤、蒜末翻炒。

2 收汁后，加入银鱼高汤。

3 待银鱼高汤烧开后，加入五花肉煮10~15分钟使五花肉的口感变软。

4 最后加入斜切成片的大葱，煮2~3分钟，再根据喜好添加胡椒粉即可。

5 可加青、红尖椒点缀。

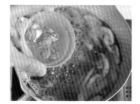

平菇饼

1 平菇用手撕成条，洋葱和胡萝卜切成5厘米长的丝。韭菜切成5厘米长的段。

2 大碗中加入低筋面粉、鸡蛋、盐和蔬菜搅拌，使蔬菜均匀裹上面糊。

3 预热的平底锅中倒入足够的食用油和裹好面糊的蔬菜，煎至蔬菜饼颜色变为焦黄色。

4 煎好的蔬菜饼放在厨房用纸上去油后，装盘。最后配上调料酱。

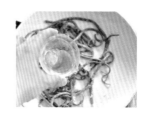

炒蕨菜

1 焯好的蕨菜沥水，蒜切末。

2 平底锅中倒入适量食用油，放入蕨菜翻炒。

3 炒好的蕨菜中加入盐和香油搅拌均匀。

烤姜汁猪肉+拌豆芽+山药酱汤

有助于增加胃口的烤姜汁猪肉，制作过程中的关键在于在短时间内迅速烤制。若再添加上切丝的圆生菜，将会成为一道相当不错的菜肴。可以配着拌豆芽和山药酱汤享受一下日式佳肴。

食材

烤姜汁猪肉

猪肉　200克

食用油　适量

圆生菜　2~3片

蛋黄酱　适量

调料酱

生姜　1块

酱油　2大勺

味淋　2大勺

白糖　1小勺

胡椒粉　适量

拌豆芽

豆芽　100克

大葱　1段（10厘米）

盐　适量

调料酱

辣椒粉　1小勺

盐　1/8小勺

香油　1大勺

芝麻　1大勺

山药酱汤

山药　1段（10厘米）

豆苗　适量

鲣鱼丝高汤　3杯

大酱　2/3大勺

烤姜汁猪肉

1　生姜去皮，研磨，和其他食材一起搅拌，制作调料酱。

2　平底锅中加入少量食用油，烤好猪肉后，用调料酱腌制。

3　圆生菜切丝，用凉水冲洗，沥水。

4　根据喜好搭配蛋黄酱，装盘。

拌豆芽

1 豆芽放入添加了少量盐的开水中，焯1~2分钟，沥水。

2 大葱切末。

3 大碗中倒入焯好的豆芽和葱末，放入调料酱，搅拌均匀。

山药酱汤

1 山药去皮，切大块，豆苗切成适当的长度。

2 鲣鱼丝高汤烧开后，加入山药再烧开一会儿。

3 关火，加入大酱化开后盛入碗中，放入豆苗。

蒸五花肉片+拌菠菜+辣炒牛蒡

　　五花肉中含有丰富的脂肪，是非常适合蒸食的食材。搭配大葱、蘸着调料汁食用的蒸五花肉虽然制作方法简单，但是看起来却是很正规的料理。即便一个人食用，也会让您有种被款待的感觉。

食材

蒸五花肉片

五花肉片　100克

大葱　1根

水　3大勺

盐　适量

胡椒粉　适量

萝卜汁

酱油　4大勺

醋　3大勺

白糖　1小勺

萝卜末　1小勺

青梅汁

青梅　1个

酱油　1小勺

水　1小勺

醋　1小勺

白糖　1/4小勺

拌菠菜

菠菜　100克

盐　1/5小勺

白糖　1/4小勺

酱油　1小勺

香油　1小勺

白芝麻　1小勺

盐水　适量

辣炒牛蒡

牛蒡　70克

食用油　1/2大勺

白芝麻　2小勺

调料酱

辣椒酱　1/2大勺

味淋　1大勺

蒜　1/2瓣

白糖　1小勺

香油　1小勺

蒸五花肉片

1 五花肉片用盐和胡椒粉作底料搅拌后，切成适当的大小。

2 大葱斜切成片。

3 平底锅中交叉放好五花肉和大葱，加入少量水，盖上盖子，用小火蒸5~6分钟。

4 用准备好的食材制作萝卜汁和青梅汁。

5 蒸好五花肉片后，搭配蘸料一同食用。

拌菠菜

1 菠菜用盐水烫2分钟，之后用凉水冲洗，沥水，切成5厘米长的段。
2 加入盐、白糖、酱油搅拌均匀。
3 再加入香油和白芝麻搅拌即可。

辣炒牛蒡

1 牛蒡削成铅笔头模样后，用凉水浸泡5分钟，沥水。
2 加入调料酱搅拌均匀。
3 平底锅中倒入食用油，翻炒牛蒡到半熟后，加入调料酱至牛蒡完全炒熟。
4 关火，撒白芝麻即可。

糖醋肉+辣味豆浆土豆汤+中式沙拉

　　单身族们不用再叫中餐外卖了。从现在开始，您再想吃中式料理时，可以尝试在家制作。来一碗加入豆油的、口感嫩滑而又够辣够刺激的辣味豆浆土豆汤，搭配用特制调料汁制作的中式沙拉，可以满足您想要吃到中餐的愿望。

食材

糖醋肉	辣味豆浆土豆汤	中式沙拉
胡萝卜　50克	土豆　300克	生菜　3片
洋葱　75克	洋葱　120克	洋葱　10克
青椒　1个	蒜（切末）　1瓣	西红柿　75克
彩椒　20克	大葱（切末）　1/2根	松子　10~15个
猪肉　200克	食用油　适量	调料汁
盐　适量	豆瓣酱　1大勺	酱油　3大勺
胡椒粉　适量	水　1杯	醋　3大勺
淀粉　适量	豆浆　1杯	香油　1大勺
调料酱	盐　适量	盐　适量
番茄　2大勺	胡椒粉　适量	胡椒粉　1/3小勺
酱油　1大勺	辣椒油　2大勺	白糖　1小勺
醋　2大勺		
白糖　1大勺		
水　3大勺		
水淀粉　2大勺		

糖醋肉

1　胡萝卜、洋葱、青椒、彩椒均切成适当的大小后，油炸1~2分钟。

2　猪肉切成适当的大小，撒上盐和胡椒粉搅拌后，裹一层淀粉再油炸。

3　平底锅中倒入除水淀粉以外的调料酱食材。

4　煮开后，用水淀粉调稠度，倒入炸好的猪肉和蔬菜，搅拌均匀即可。

辣味豆浆
土豆汤

1 土豆去皮后，切成适当的大小，洋葱也按照相同的大小切块。

2 烧锅中倒入食用油，用中火先将蒜末和葱末翻炒一会儿，再加入豆瓣酱炒1分钟。倒入1杯水和土豆、洋葱，盖上盖子继续煮。

3 差不多收汁后加入豆浆用小火煮开。煮开后撒入盐和胡椒粉，立刻关火。

4 装盘，洒点辣椒油。

5 可摆上葱丝点缀。

中式沙拉

1 生菜洗净，用手撕成小片，洋葱切丝后浸泡入凉水中5分钟左右。西红柿切成适当的大小。

2 用备好的食材制作调料汁。

3 将蔬菜装盘后，撒上松子，最后在食用前洒上调料汁即可。

牛排+caprese冷汤+豆瓣菜沙拉

　　每当突然想起牛排的时候，您会选择价格昂贵的牛排店吗？不如自己买来高品质的牛排，尝试在家制作。简单的牛排搭配带有罗勒香的caprese冷汤，再配上以苦味而闻名的豆瓣菜沙拉，将会成为一顿高品位的料理。

食材

牛排

牛排　200克

盐　2小勺

胡椒粉　1小勺

橄榄油　1小勺

黄油　1小勺

caprese冷汤

圣女果　5个

水　1杯

固体鸡汤　1/2块

罗勒　5片

圆形莫扎瑞拉奶酪　5个

盐　1/3小勺

胡椒粉　适量

豆瓣菜沙拉

豆瓣菜　50克

黄彩椒　10克

小萝卜　1个

调料汁

洋葱末　1大勺

橄榄油　1大勺

醋　1大勺

白糖　1小勺

盐　1/4小勺

胡椒粉　适量

牛排

1 牛排在常温下解冻，撒上盐和胡椒粉。

2 平底锅中倒入适量橄榄油，放入牛排，根据喜好烤制到一定程度。

3 牛排烤好后，关火加入黄油，等待2~3分钟。

4 牛排切成适当大小或者直接装盘。

5 可摆上西蓝花、薯条点缀。

caprese冷汤

1 圣女果在热水中烫30秒钟左右，放进凉水中去皮。

2 往定量的水中加入固体鸡汤，加热到全部化开后放入盐和胡椒粉，再放凉。

3 碗中加入圆形莫扎瑞拉奶酪和圣女果后，倒入已经放凉的鸡汤。

4 最后加入罗勒即可。

豆瓣菜沙拉

1 所有调料汁食材均匀地搅拌在一起，在常温下放置15分钟，使其入味。

2 豆瓣菜和黄彩椒洗净，沥水，切成3~5厘米长的段，小萝卜切成薄片。

3 准备好的蔬菜全部放入碗中，搅拌后，洒入调料汁即可。

日式炸鸡+茼蒿凯撒沙拉+炖牛蒡

　　日式炸鸡配上用茼蒿制作的凯撒沙拉和香喷喷的炖牛蒡会成为完美的一餐。日式炸鸡还可以制作成便当，是非常适合上班族的食谱。

食材

日式炸鸡

鸡肉（鸡腿肉）　100克

姜末　1/3小勺

面粉　1大勺

鸡蛋清　2大勺

柠檬（切片）　1块

调料酱

蒜末　1/3小勺

酱油　1小勺

伍斯特辣酱油　1小勺

白糖　1/2小勺

清酒　1小勺

胡椒粉　适量

茼蒿凯撒沙拉

茼蒿　50克

煮鸡蛋　1个

烤碎面包块　1大勺

胡椒粉　适量

芝士粉　适量

调料汁

蛋黄酱　1大勺

醋　1小勺

帕玛森奶酪　1大勺

炖牛蒡

牛蒡　75克

芝麻　1大勺

调料酱

酱油　1大勺

味淋　1大勺

白糖　1/2小勺

日式炸鸡

1 鸡肉先去掉脂肪，再切成适当大小的肉块。按食材配方制作调料酱。

2 鸡块中加入适量的调料酱，搅拌均匀使其入味。

3 再加入姜末、面粉和鸡蛋清，一同搅拌。

4 鸡块放入预热到175℃的油锅中炸制。

5 油炸好的鸡块放在厨房用纸上，先去油，最后同柠檬一起装盘。

茼蒿凯撒沙拉

1 茼蒿洗净后切成5厘米长的段。煮鸡蛋切成6等份。

2 用备好的食材制作调料汁。

3 碗中先垫茼蒿，再加入煮鸡蛋和烤碎面包块，再洒调料汁。最后根据喜好撒适量胡椒粉和芝士粉即可。

炖牛蒡

1 牛蒡先切成5厘米长的段，再切成4等份。

2 用备好的食材制作调料酱。

3 将牛蒡放入热水中烫2~3分钟，沥水，加入调料酱开始炖。收汁后，关火，撒芝麻搅拌均匀即可。

日式烤鸡肉+芦笋汤+西红柿芥末沙拉

如果您喜欢日式料理，我推荐蘸着塔塔酱食用的口感清脆的日式烤鸡肉。制作方法简单又美味的烤鸡肉搭配味道纯正的芦笋汤，以及添加了蜂蜜的味道微甜的西红柿芥末沙拉食用更佳。

食材

日式烤鸡肉

土豆　200克

黄油　1/2小勺

盐　适量

鸡肉（鸡腿肉）　200克

食用油　1大勺

秋葵　2根

胡椒粉　适量

塔塔酱

煮鸡蛋　1个

腌黄瓜　2根

洋葱末　1大勺

蛋黄酱　2大勺

盐　适量

胡椒粉　适量

调料酱

酱油　3大勺

味淋　3大勺

白糖　1/2大勺

芦笋汤

洋葱（切末）　50克

固体鸡汤　1块

芦笋　5根

水　3杯

食用油　适量

盐　1/3小勺

胡椒粉　适量

西红柿芥末沙拉

西红柿　1个

洋葱　30克

调料汁

蜂蜜　1小勺

芥末　1/2小勺

盐　1/5小勺

芝麻　适量

日式烤鸡肉

1 土豆煮熟或蒸熟，碾碎，加入黄油、盐，搅拌均匀。

2 煮鸡蛋和腌黄瓜切碎，与洋葱末、蛋黄酱、盐和胡椒粉一起搅拌均匀制成塔塔酱。

3 收拾好的鸡肉中加入胡椒粉腌制。

4 预热好的平底锅中倒入适量食用油、鸡肉煎烤，直到鸡皮发脆，颜色变为焦黄色说明已烤熟。烤熟后倒入水，盖上盖子待熟透后，加入调料酱炖。

5 收汁后，切成适当大小，装盘，浇上塔塔酱。

6 摆放上秋葵及土豆泥点缀。

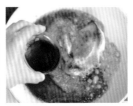

芦笋汤

1 平底锅中倒入适量食用油和洋葱末，用中火慢慢炒。

2 加入水、固体鸡汤，煮开。

3 芦笋用削皮器去皮后斜切成1厘米长的段。

4 鸡汤煮开后加入芦笋，用盐和胡椒粉调味即可。

西红柿芥末沙拉

1 西红柿切成8等份，洋葱切丝。

2 用备好的食材制作调料汁。

3 西红柿和洋葱装入碗中后浇上调料汁即可。

豆腐肉饼+洋葱汤+洋葱圣女果火腿沙拉

用豆腐和鸡肉制作的豆腐肉饼，口感嫩滑，任何人都可以轻松享用。并且因为添加了酱油调料汁和萝卜末，肉饼的味道新鲜又不单一，与带有甜味的洋葱汤也非常相配。

食材

豆腐肉饼	洋葱汤	洋葱圣女果火腿沙拉
豆腐　100克	洋葱　250克	圣女果　150克
洋葱　75克	黄油　1大勺	洋葱　300克
鸡肉末　50克	水　4杯	火腿（三明治用）　3片
面包粉　1大勺	固体鸡汤　1块	香芹　适量
盐　1/5小勺	盐　1/2小勺	调料汁
胡椒粉　适量	胡椒粉　适量	橄榄油　2大勺
食用油　适量	比萨用奶酪　2大勺	醋　1大勺
水　适量	粗磨黑胡椒　适量	盐　1/3小勺
水淀粉　1大勺		白糖　适量
豆苗　1把		胡椒粉　适量
萝卜末　1大勺		
藕片（炸熟）　2~3片		
调料汁		
酱油　2大勺		
味淋　2大勺		
水　3大勺		

豆腐肉饼

1　豆腐沥净水分，洋葱切末。

2　平底锅中加入适量食用油，用小火翻炒洋葱末。

3　大碗中加入豆腐、鸡肉末、炒洋葱、面包粉、盐、胡椒粉搅拌后，用手捏成饼状。

4　平底锅中倒入食用油煎豆腐饼。煎至焦黄色后，倒入半杯水，盖上盖子使其熟透。

5　在另一个烧锅中加入调料汁食材后，烧开，加入水淀粉调稠度。

6　豆苗用流水冲洗，沥水后，切成5厘米长的段。

7　肉饼装盘后，撒入步骤5做好的料汁，再放上萝卜末、豆苗和炸藕片即可。

8　可放上香葱点缀。

 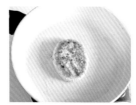 

洋葱汤

1 洋葱切薄片。

2 烧锅中加入黄油，待化开后加入洋葱片，用中火翻炒10分钟左右。

3 洋葱片炒好后加入水和固体鸡汤，用旺火烧开。

4 加入盐和胡椒粉调味，装盘后根据喜好加入比萨用奶酪即可。

5 撒些粗磨黑胡椒点缀。

洋葱圣女果火腿沙拉

1 洋葱切薄片。圣女果切成4等份，火腿切丝。

2 用备好的调料汁食材制作调料汁。

3 将沙拉食材和调料汁放在一起拌匀。

4 也可根据喜好添加香芹装饰。

炖鸡翅+虾仁豆腐汤+黄瓜海带沙拉

　　胶原蛋白含量丰富的炖鸡翅和煮鸡蛋是补充蛋白质非常好的食物。再配上泰式的虾仁豆腐汤和黄瓜海带沙拉，这会是美美的一餐。

食材

炖鸡翅

鸡翅　4~5个

鸡蛋　1个

生姜　1块

调料酱

水　1/2杯

酱油　3大勺

味淋　3大勺

白糖　1/2大勺

虾仁豆腐汤

虾　6只

蒜（切末）　1/2瓣

生姜　1小块

绿豆芽　50克

水　1/2杯

味淋　适量

固体鸡汤　1块

盐　适量

胡椒粉　适量

嫩豆腐　1/2块

野菜　3根

香油　1小勺

黄瓜海带沙拉

海带　10克

黄瓜　50克

洋葱　30克

调料酱

盐　1/4小勺

香油　1大勺

辣椒油　1/4小勺

芝麻　适量

炖鸡翅

1 鸡蛋煮好后，去皮。生姜切薄片。

2 烧锅中倒入所有调料酱食材，烧开后加入煮鸡蛋、生姜和鸡翅。

3 盖上盖子用中火煮10~15分钟。

4 煮透后，鸡蛋切半，同鸡翅一起装盘。

虾仁豆腐汤

1 虾去皮，去虾线，添加盐和胡椒粉抓匀。

2 先炒蒜末和生姜，再放入虾仁和绿豆芽。加入水、味淋、固体鸡汤，待绿豆芽的颜色变透明后添加盐和胡椒粉。

3 加入切成适当大小的嫩豆腐，用中火煮开。

4 煮开后，倒入碗中，放上野菜。

5 最后根据喜好滴点香油即可。

黄瓜海带沙拉

1 海带提前泡好后，挤出水分。黄瓜切成半圆形的片。洋葱切成薄片后，用凉水浸泡5分钟，捞出沥水。

2 用备好的调料酱食材制作调料酱。

3 将沙拉食材和调料酱倒在一起搅拌均匀即可。

煎白鱼片+圣女果黄瓜沙拉+蛋黄酱炖胡萝卜

虽然一个人时很少会制作鱼类料理，但是一旦品尝过用芥末酱制作的煎白鱼片，相信您会不由自主地经常做起来。煎白鱼片非常适合搭配简单而又爽口的圣女果黄瓜沙拉，与蛋黄酱炖胡萝卜一同食用味道很搭。

食材

煎白鱼片	圣女果黄瓜沙拉	蛋黄酱炖胡萝卜
白鱼片（煎制用） 1块	圣女果 5个	胡萝卜 70克
盐 适量	黄瓜 40克	盐 1/2小勺
胡椒粉 适量	调料汁	蛋黄酱 1小勺
芥末酱	橄榄油 2大勺	
蛋黄酱 1小勺	白醋 2大勺	
芥末籽 1/3小勺	白糖 1小勺	
白糖 适量	盐 1/3小勺	
	胡椒粉 适量	

煎白鱼片

1　白鱼片上撒上盐和胡椒粉。

2　用备好的芥末酱食材制作芥末酱。

3　白鱼片放到烤盘中，均匀涂抹芥末酱，烤10~15分钟。

4　可放上香葱点缀。

圣女果黄瓜沙拉

1 圣女果切成4等份。黄瓜先切半，再斜切
  成0.3厘米厚的片。
2 用备好的调料汁食材制作调料汁。
3 把沙拉食材和调料汁放在一起搅拌均匀
  即可。

蛋黄酱炖胡萝卜

1 胡萝卜去皮后切成0.5厘米厚的片，用加了盐的开水焯3~4分钟。
  待胡萝卜变软后，捞出沥水，再加热蒸发掉剩余水分。
2 关火，加入蛋黄酱搅拌均匀。

培根卷豆腐+莲藕蘑菇汤+炖比目鱼

　　散发着比目鱼新鲜味道的炖比目鱼料理不仅味道鲜美，萝卜的味道也别具一格。另外，味道清爽的莲藕蘑菇汤和裹上培根的豆腐卷料理，会让您的味蕾充分得到满足。

食材

培根卷豆腐

培根　3片

豆腐　1/2块

干鲣鱼卷　6克

食用油　适量

面粉　1大勺

水　1大勺

酱油　1大勺

姜末　1/2小勺

豆苗　适量

莲藕蘑菇汤

莲藕　60克

醋　适量

香菇　2片

干鲣鱼卷高汤　3杯

盐　1小勺

胡椒粉　1/2小勺

香葱　2根

炖比目鱼

比目鱼　150克

萝卜　200克

青辣椒　适量

调料酱

酱油　4大勺

白糖　1/2大勺

味淋　4大勺

水　4大勺

生姜（切末）　1块

培根卷豆腐

1 培根切半。豆腐切成6小块，放在厨房用纸上去除水分。干鲣鱼卷用手搓成粉状。

2 面粉加水，和成面糊。

3 豆腐裹上一层面糊后，用培根卷起。用培根卷好的豆腐再裹一层面糊，沾上干鲣鱼卷粉末。

4 预热的平底锅中倒入食用油，培根衔接处先朝下煎2~3分钟后，再翻过来煎另一面。煎好后均匀地洒上酱油，关火。

5 煎好的培根卷装盘，搭配少量姜末和豆苗即可。

莲藕蘑菇汤

1 莲藕去皮，在添加了醋的水中浸泡5分钟。香菇切掉根部后，再切成4等份。

2 烧开干鲣鱼卷高汤，加入莲藕继续烧开2~3分钟，添加盐和胡椒粉。

3 关火，添加切成0.5厘米长的香葱即可。

炖比目鱼

1 比目鱼收拾好后，在鱼背上留几个刀口，加入开水。

2 萝卜先切成2厘米厚的片，再用开水焯一下。

3 锅中加入调料酱，烧开后加入比目鱼和萝卜，盖上锅盖，用中火炖15~20分钟。

4 也可以加入青辣椒一起炖，增加辣味。

炒鱿鱼+鱼饼汤+土豆饼

　　辣炒的鱿鱼配米饭或面食都非常可口。有利于强身的鱿鱼，辣炒后，不仅能让您缓解疲劳，还可以驱散所有精神压力。再搭配鱼饼汤和筋道的土豆饼，可以缓解一天的疲劳。

食材

炒鱿鱼

鱿鱼　1条

胡萝卜　60克

圆白菜　2片

洋葱　75克

盐　适量

食用油　适量

红辣椒　1个

韭菜　3根

芝麻　1大勺

调料酱

蒜　2瓣

辣椒酱　1/2大勺

白糖　1大勺

香油　1大勺

胡椒粉　1小勺

辣椒粉　1/2大勺

芝麻　1大勺

鱼饼汤

鱼饼　200克

萝卜　50克

大葱　1/2根

蒜　2瓣

银鱼高汤　3杯

盐　1小勺

胡椒粉　1/3小勺

土豆饼

土豆　300克

胡萝卜　50克

洋葱　120克

韭菜　5根

盐　适量

调料酱

酱油　4大勺

醋　4大勺

辣椒粉　1大勺

蒜末　1小勺

葱末　1大勺

白糖　1小勺

香油　1大勺

芝麻　1大勺

炒鱿鱼

1 鱿鱼去内脏收拾好之后，切成适当大小的块。

2 胡萝卜、圆白菜、洋葱切成同鱿鱼块相同的大小。韭菜切小段。

3 捣碎准备好的蒜，同其他调料酱食材搅拌均匀，制作调料酱。

4 开水中加入盐，再加入切好的鱿鱼，烫30秒钟，沥水。

5 平底锅中加入食用油1小勺，炒胡萝卜，待胡萝卜变软后再加入鱿鱼、洋葱、圆白菜、红辣椒和调料酱一同翻炒。

6 入味后关火，加入韭菜搅拌均匀。

7 装盘后撒点芝麻。

鱼饼汤

1 鱼饼切成适当大小，萝卜切成方形片。大葱斜切成片，蒜切末。

2 烧锅中倒入银鱼高汤烧开后，先加入萝卜和蒜末，待萝卜颜色变透明后，加入鱼饼和大葱，用盐、胡椒粉调味后充分煮开即可。

土豆饼

1 土豆用擦菜板研磨后，待土豆淀粉和水分离，控干水分，把土豆淀粉和土豆一同倒入大碗中。

2 步骤1中加入切成丝的胡萝卜、洋葱、切成5厘米长段的韭菜和适量盐，搅拌成土豆泥。抓适量土豆泥揉成饼状，放入平底锅中煎至金黄色。

3 根据自己的喜好配上调料酱。

明太鱼豆腐汤+鸡蛋羹+炒鱼饼

　　每当天气变冷就会想到辣明太鱼豆腐汤，这是天凉时让您的身体暖和起来的最佳料理。明太鱼豆腐汤加上石锅鸡蛋羹和国民小菜炒鱼饼，让您不再害怕寒冷。

食材

明太鱼豆腐汤

明太鱼　2块

豆腐　35克

萝卜　1段（5厘米）

蒜　1/2瓣

辣椒粉　1大勺

辣椒酱　1小勺

水　3杯

盐　1/2小勺

胡椒粉　适量

大葱　1/3根

蒿子秆　适量

红尖椒　适量

鸡蛋羹

鸡蛋（打成蛋液）　2个

盐　1/2小勺

葱末　1大勺

胡萝卜末　1/2大勺

芝麻　1小勺

炒鱼饼

鱼饼　1片

洋葱　50克

食用油　适量

酱油　1/2大勺

白糖　1/3小勺

香油　1小勺

白芝麻　适量

明太鱼豆腐汤

1 明太鱼切成适当大小的鱼块。

2 豆腐切成适当大小的豆腐块，萝卜切成方形薄片，蒜切末，大葱斜切成片。

3 烧锅中注水烧开后，加入切好的萝卜片和蒜末煮开，待萝卜片颜色变透明后加入明太鱼和
   豆腐。加入辣椒粉和辣椒酱，用中火煮5分钟即可。

4 待明太鱼熟透后，加入盐、胡椒粉调味，加入大葱再煮1分钟，关火加入蒿子秆。

5 放上红尖椒点缀。

鸡蛋羹

1 鸡蛋液中加入适量盐、葱末、胡萝卜末、芝麻，搅拌均匀。

2 碗中倒入步骤1，加热，待鸡蛋液烧开后，盖上盖子用小火蒸7~8
  分钟。

炒鱼饼

1 鱼饼切成1厘米厚的片。洋葱切丝。

2 平底锅中倒入适量食用油，炒洋葱。

3 加入鱼饼炒2分钟后，加入酱油和白糖迅速
  翻炒。

4 关火，洒点香油。

5 撒点白芝麻点缀。

芋头汤+煎三文鱼+炖鹿尾菜

　　通常，芋头汤是中秋节常吃的料理之一，其实只要喜欢芋头，在任何季节食用都是非常好的。用牛肉高汤熬制的芋头汤，搭配有足够营养的烤三文鱼和铁含量丰富的炖鹿尾菜，将是完美的一餐。

食材

芋头汤	煎三文鱼	炖鹿尾菜
芋头　200克	三文鱼（煎炸用）　1块	鹿尾菜　100克
萝卜　200克	盐　适量	胡萝卜　40克
蒜（切末）　1瓣	食用油　适量	油豆腐　1片
大葱　1/2根	萝卜　20克	食用油　适量
牛肉　200克		香油　适量
海带　1片		炖料
水　5杯		酱油　2大勺
盐　1小勺		味淋　2大勺
酱油　1小勺		白糖　1小勺
胡椒粉　适量		

芋头汤

1 芋头去皮，用开水焯6~7分钟，再用凉水冲洗，切成适当大小的块。萝卜环切去掉皮，再切成薄片。

2 烧锅中注水，烧开后加入整块牛肉，撇去浮沫。

3 加入切成适当大小的海带，煮15分钟。

4 捞取牛肉，切成适当大小的牛肉块之后，同芋头、萝卜、蒜一起加到步骤3的牛肉高汤中，煮10分钟。

5 充分煮开后，加入斜切成片的大葱、盐、酱油和胡椒粉搅匀。

煎三文鱼

1 三文鱼上适当撒盐，腌制10分钟左右。

2 厨房用纸蘸上食用油，均匀擦拭烤架之后提前预热。

3 三文鱼擦干水分后，放在预热好的烤架上煎至金黄色。

4 萝卜去除水分，同三文鱼一起装盘。

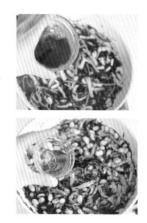

炖鹿尾菜

1 鹿尾菜充分泡开后，切成适当长度。胡萝卜和油豆腐切丝。

2 平底锅中倒入适量食用油，炒一会儿胡萝卜，再加入油豆腐丝继续翻炒，过一会儿加入鹿尾菜炒2分钟。

3 将所有炖料食材混合搅匀，制作炖料。

4 炒好步骤2的所有食材后，加入炖料，收汁到一半左右时关火。

5 最后洒点香油即可。

三鲜饭+腌蔬菜+烤大葱

现在教您在家制作三鲜饭，美味又正宗。又辣又爽口的三鲜饭，非常适合搭配腌蔬菜和烤大葱一同食用。

食材

三鲜饭	腌蔬菜	烤大葱
鱿鱼　30克	黄瓜　50克	大葱　1/2根
大虾　1只	萝卜　3厘米	酱油　2大勺
红蛤　3个	腌料	食用油　适量
洋葱　50克	醋　4大勺	
圆白菜　2片	白糖　1/2大勺	
胡萝卜　10克	盐　1/2小勺	
水　3杯	海带　1根	
盐　1/2小勺		
红辣椒　1个		
鸡蛋（打成蛋液）　1个		
米饭　1碗		
胡椒　1小勺		
辣椒粉　1大勺		
大葱　1/2根		
粉条　5克		
食用油　适量		

三鲜饭

1 烧锅中倒入适量食用油，加入切成5厘米长的大葱、辣椒粉，用中火翻炒。

2 鱿鱼、大虾、红蛤洗净，鱿鱼切成适当大小。洋葱切成薄片，圆白菜和胡萝卜切成大块。

3 把准备好的食材放入烧锅中，炒一会儿后加入水。烧开后，用盐调味，加入斜切成片的红辣椒 煮1~2分钟。

4 加入鸡蛋液，轻轻散开。

5 在另一口锅中煮好粉条。

6 碗中加入米饭和粉条后，倒入步骤4，撒上胡椒即可。

 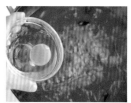 

腌蔬菜

1 烧锅中加入腌料食材，加热到白糖和盐全部溶化后，关火。
2 切好的黄瓜和萝卜加入腌料中，放入冰箱，冷却后即可食用。

烤大葱

1 大葱切成5厘米的长条。
2 平底锅中倒入适量食用油，均匀烤制大葱。
3 烤好大葱后，加入酱油腌制30秒钟左右即可。

PART3　早午餐

再忙碌的单身族，只要在周末花一点时间，
完全可以在家品尝到美味不亚于餐厅的家常便饭。
周末睡个懒觉，起床后，一边听音乐一边做料理的
时光是最幸福的。

花蛤肉浓汤+意大利肉酱面+西蓝花牛油果沙拉

　　在悠闲的周末，睡个懒觉，起床后，您可以尝试专门为自己制作料理。很多人都喜欢的意大利肉酱面和美味的蛤蜊肉浓汤，再加上健康美味的西蓝花牛油果沙拉，用来当作自己的早午餐一点不逊色。

食材

花蛤肉浓汤

土豆　50克

胡萝卜　40克

洋葱　70克

花蛤肉　50克

盐　1/2小勺

培根　1片

食用油　适量

豌豆　1大勺

水　2杯

颗粒鸡汤　1/2小勺

黄油　1大勺

面粉　1大勺

胡椒粉　适量

牛奶　1/2杯

意大利肉酱面

蒜　1瓣

洋葱　75克

肉末（牛肉：猪肉=1：1）
50克

西红柿（罐头）　1罐

水　1/4杯

颗粒鸡汤　1小勺

盐　1/2小勺

胡椒粉　适量

牛至　1/3小勺

意大利面　1人份

帕玛森奶酪　适量

西蓝花牛油果沙拉

西蓝花　70克

洋葱　30克

牛油果　100克

杏仁　4~5个

调料汁

蛋黄酱　2大勺

柠檬汁　1小勺

橄榄油　1小勺

盐　1/4小勺

胡椒粉　适量

花蛤肉浓汤

1 土豆、胡萝卜、洋葱切成1厘米×1厘米的块。花蛤肉用盐水洗净，沥水。培根切成小块。

2 烧锅中倒入食用油，用中火翻炒土豆、胡萝卜、洋葱。待土豆熟到一定程度后，加入花蛤肉、培根、豌豆，翻炒2~3分钟。这时加入水，烧开后，加入颗粒鸡汤，熬煮10分钟。

3 常温下化开黄油后，加入面粉搅拌。

4 熬煮好的汤中加入盐和胡椒粉，同时慢慢加入少量的步骤3，调节稠度。

5 调好稠度后，加入牛奶，煮开后立刻关火。

  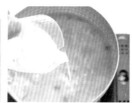

意大利肉酱面

1 蒜和洋葱切末。

2 平底锅中加入肉末、蒜末、洋葱末，用中火慢炒。

3 炒熟后加入西红柿（罐头）、水、颗粒鸡汤，用小火烧开。

4 待收汁到1/3左右时，加入盐、胡椒粉和牛至，用小火炖2~3分钟，做成肉酱。

5 将煮好的意大利面放入盘中，铺上肉酱，撒上奶酪。

西蓝花牛油果沙拉

1 收拾好的西蓝花用盐水浸泡2分钟左右后，用开水焯一下，沥水，洋葱切成薄片后，用凉水浸泡5分钟。牛油果切半，去核，取肉，碾碎。

2 碗中加入碾碎的牛油果和调料汁。

3 再加入洋葱和西蓝花，搅拌均匀。

4 最后撒上杏仁装饰即可。

花蛤菠菜意大利面+西红柿浓汤+拌彩椒

去意大利餐厅时我们总是会选择番茄酱意大利面或者奶油酱意大利面，所以您不妨在家里大胆尝试一下制作花蛤菠菜意大利面。搭配添加了各种豆类的西红柿浓汤，可与口感清脆的拌彩椒一同品尝。

食材

花蛤菠菜意大利面	西红柿浓汤	拌彩椒
菠菜 1/4捆	洋葱 40g	红彩椒 1/6个
蒜（切片） 1瓣	芹菜 1段（10厘米）	黄彩椒 1/6个
意大利面 1人份	食用油 1小勺	调料汁
花蛤 1/2袋	水 1/2杯	橄榄油 1大勺
清酒（或白葡萄酒） 1/2杯	西红柿（罐头） 1罐	醋 1大勺
橄榄油 1大勺	豆类（混合） 1/2杯	白糖 1小勺
盐 1/3小勺	盐 1/2小勺	盐 1/3小勺
胡椒粉 适量	胡椒粉 适量	胡椒粉 适量

花蛤菠菜意大利面

1 菠菜洗净，切成10厘米长的段。

2 平底锅中倒入橄榄油，用小火炒蒜片。过一会儿后加入洗净的花蛤，炒到花蛤开口。加入
  清酒，盖上锅盖，煮2~3分钟。

3 加入盐和胡椒粉。

4 加入意大利面和菠菜，稍微炒一会儿即可。

西红柿浓汤

1 洋葱切末，芹菜斜切成薄片。

2 烧锅中倒入食用油，用中火慢炒洋葱和芹菜。

3 待洋葱的颜色变为褐色之后，加入水、西红柿和豆类，煮开。

4 充分煮开后，加入盐和胡椒粉调味即可。

拌彩椒

1 红、黄彩椒去瓤，切成长条。

2 用备好的食材制作调料汁。

3 将调料汁倒入彩椒中，搅拌，放进冰箱中腌制20分钟即可。

鸡肉奶油汤+西班牙煎蛋饼+橙子沙拉

　　周末来一碗暖暖的鸡肉奶油汤如何？可以根据自己的喜好选择不同的食材来制作。不管是加入蔬菜还是肉类，或者是海产品，都能保证具有可口的味道。另外，西班牙煎蛋饼和橙子沙拉会让您的心情更加美好。

食材

鸡肉奶油汤

鸡肉（鸡腿肉）　200克

土豆　100克

胡萝卜　70克

洋葱　120克

食用油　适量

固体鸡汤　1块

黄油　2大勺

面粉　2大勺

水　2杯

盐　1/2大勺

胡椒粉　适量

牛奶　1杯

西蓝花　70克

西班牙煎蛋饼

菠菜　2根

奶酪　30克

火腿片　2片

煮土豆　100克

鸡蛋（打成蛋液）　4个

帕玛森奶酪　1大勺

食用油　适量

橙子沙拉

橙子　1个（约200克）

嫩叶蔬菜　30克

调料汁

盐　适量

胡椒粉　适量

橄榄油　1大勺

鸡肉奶油汤

1 鸡肉去皮，去脂肪，切成适当大小的鸡块。土豆、胡萝卜、洋葱全部切成适当的大小。

2 平底锅中倒入食用油，按顺序炒洋葱、土豆、胡萝卜。加入水和固体鸡汤，用中火煮 15~20分钟。

3 常温下化开黄油，加入面粉，搅拌均匀。

4 待步骤2中的食材煮透，加入步骤3的面糊，掌握好稠度，再加入盐和胡椒粉。

5 步骤4中加入牛奶，烧开后加入提前焯好的西蓝花，立刻关火。

西班牙煎蛋饼

1 菠菜用开水焯一下，沥净水分，切成2厘米长的段。奶酪、火腿片、煮土豆切成1厘米×1厘米的大小。

2 鸡蛋液中加入帕玛森奶酪和步骤1的食材，搅拌均匀。

3 平底锅中倒入食用油和步骤2的所有食材，盖上锅盖，用中火烤成煎蛋饼。

4 烤好的煎蛋饼放在盘子中，切成方便食用的大小。

5 可放上圣女果及绿叶菜装饰。

橙子沙拉

1 橙子切成两半，一半用于榨橙汁，一半取果肉。

2 橙汁中加入盐和胡椒粉，溶化后加入橄榄油制作调料汁。

3 洗净的嫩叶蔬菜沥净水分，同橙子果肉一起倒入碗中，在食用前淋上调料汁即可。

香辣虾+茄子西红柿汤+中式海带沙拉

　　用鲜虾制作的香辣虾，看着就会流口水。另外，用茄子和西红柿制作的茄子西红柿汤和添加了甜面酱的中式海带沙拉，也具有非常高的人气。

食材

香辣虾

鲜虾　8只

盐　适量

胡椒粉　适量

淀粉　2大勺

水淀粉　1大勺

香油　1大勺

食用油　适量

调料汁

蒜　1瓣

生姜　1块

干辣椒　2个

豆瓣酱　1大勺

番茄酱　2大勺

水　2大勺

茄子西红柿汤

茄子　40克

西红柿　50克

姜末　1小勺

水　2杯

固体鸡汤　1块

盐　1/4小勺

胡椒粉　1/2小勺

酱油　1大勺

香油　1大勺

芝麻　1大勺

中式海带沙拉

干海带　5克

绿豆芽　50克

黄瓜　50克

调料汁

甜面酱　1小勺

醋　1大勺

白糖　1/2大勺

蒜末　1/3小勺

香油　1大勺

芝麻　1大勺

香辣虾

1 鲜虾去皮，去虾线，用盐搓洗，沥水。蒜、生姜、干辣椒切末。

2 虾中撒上盐和胡椒粉，裹上淀粉，放入提前倒入了食用油的平底锅中煎制，熟透后捞出。

3 用备好的食材制作好调料汁后，同虾一起倒入平底锅中翻炒。

4 加入水淀粉，掌握好稠度，关火，洒香油。

茄子西红柿汤

1 茄子先切半，再斜切成1厘米厚的片。西红柿切大块。

2 烧锅中倒入香油、姜末，用中火炒出香味，加入茄子一同翻炒。
待茄子变软后，倒入水和固体鸡汤烧开。

3 待固体鸡汤全部化开，加入西红柿、盐、胡椒粉、酱油。
烧开后关火，撒芝麻。

中式海带沙拉

1 干海带用水泡开，沥水。绿豆芽洗净，
用开水焯1分钟，再用凉水冷却，沥
水。黄瓜切成半圆形的片。

2 用备好的食材制作成调料汁后倒入碗
中，倒入所有食材，搅拌均匀即可。

滑蛋鸡肉盖饭+日式酱汤+腌芹菜

　　滑蛋鸡肉盖饭，碗中既有鸡肉，又有鸡蛋，搭配加入了猪肉和蔬菜的酱汤，即可成为正宗的日式料理。

食材

滑蛋鸡肉盖饭

鸡肉（鸡腿肉） 200克

米饭 1碗

洋葱 40克

大葱 1/2根

鸡蛋 1个

干鲣鱼卷高汤 1杯

酱油 3大勺

味淋 3大勺

白糖 1/2大勺

香芹 适量

日式酱汤

牛蒡 60克

魔芋 100克

胡萝卜 70克

大葱 1根

猪肉 100克

香油 适量

干鲣鱼卷高汤 3杯

进口大酱 2大勺

辣椒粉 少量

腌芹菜

芹菜 1根

腌料

干鲣鱼卷高汤 1/2杯

盐 1小勺

白糖 1小勺

醋 1大勺

滑蛋鸡肉盖饭

1 鸡肉去皮，切成适当大小的鸡块。洋葱切薄片，大葱斜切成片，鸡蛋滤出蛋清，只打碎蛋黄。

2 锅中倒入干鲣鱼卷高汤，烧开后加入鸡肉、洋葱、酱油、味淋、白糖，用中火煮6~7分钟，令鸡肉熟透。

3 步骤2中先加入大葱，1分钟后加入鸡蛋黄。等鸡蛋黄变熟后，关火，盖上锅盖，用余热继续闷一会儿。

4 米饭盛好后，放上步骤3做好的食材。

5 最后用香芹装饰即可。

日式酱汤

1 牛蒡用刀背去皮，削成铅笔尖模样，用凉水浸泡。魔芋切成适当的长度，胡萝卜切薄片，猪肉切成适当的大小。

2 烧锅中倒入香油，翻炒一会儿步骤1中的食材（最后加入猪肉），待猪肉熟后，倒入干鲣鱼卷高汤再煮10~12分钟。

3 待所有食材变软后关火，加入进口大酱和切成小段的大葱，最后根据喜好撒上辣椒粉即可。

腌芹菜

1 芹菜斜切成条。

2 干鲣鱼卷高汤放凉后，加入盐、白糖、醋搅拌制作腌料。

3 腌料中加入芹菜，放入冰箱腌制15~20分钟即可。

蔬菜鸡肉粥+拌生菜+拌鱼肠酱

　　蔬菜鸡肉粥是滋补养身的料理之一。若一顿吃不完，剩余的蔬菜鸡肉粥可以分成1人份进行冷冻，方便取出食用。拌生菜和拌鱼肠酱同蔬菜鸡肉粥一起食用，味道很好。

食材

蔬菜鸡肉粥	拌生菜	拌鱼肠酱
鸡肉　200克	生菜（绿叶、紫叶可任选）	红辣椒　1个
生姜　2块	100克	鱼肠酱　50克
蒜　5瓣	洋葱　30克	辣椒粉　1小勺
大葱　1根	调料酱	香油　1大勺
胡萝卜（切末）　200克	红辣椒　1个	芝麻　1小勺
洋葱　150克	辣椒粉　3大勺	蒜末　1/3小勺
大米　1杯	酱油　2大勺	白糖　1/3小勺
水　5杯	白糖　1大勺	
盐　1大勺	醋　3大勺	
胡椒粉　1/3大勺	香油　2大勺	
鸡蛋黄　1个	玉筋鱼鱼露　1大勺	
芝麻盐　1大勺	蒜末　1小勺	

蔬菜鸡肉粥

1 鸡肉洗净，入锅煮1~1.5小时。加入生姜、蒜以及切成长段的大葱（留一部分切末）、洋葱，调成中火继续煮1~1.5小时。

2 煮完后将锅中食材全部捞出，鸡肉用手撕碎。

3 大米提前浸泡在水中，沥水。

4 大米加入鸡汤中煮到米粒开花，这时加入葱末、胡萝卜末以及步骤2中捞出的蒜，再煮15分钟。

5 待米粒完全煮开后，加入盐和胡椒粉，盛入碗中。放上鸡蛋黄和芝麻盐即可（也可以再装饰些小葱粒）。

 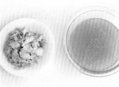 

拌生菜

1　生菜洗净，用手撕成小片。洋葱切薄片，红辣椒切末。

2　用备好的食材制作成调料酱后，同生菜一起搅拌均匀即可。

拌鱼肠酱

1　红辣椒切末。

2　红辣椒末和其他食材搅拌均匀即可。

3　也可把拌鱼肠酱浇到生菜上食用。

海鲜杂菜盖饭+明太鱼子辣白菜汤+大酱拌菠菜

加入了各种海鲜的海鲜杂菜盖饭和不需要额外添加调料的明太鱼子辣白菜汤，还有让您吃上就停不下来的大酱拌菠菜，非常适合当作周末的早午餐。

食材

海鲜杂菜盖饭	明太鱼子辣白菜汤	大酱拌菠菜
粉条　100克	明太鱼子　100克	菠菜　100克
米饭　1碗	辣白菜　50克	调料酱
干辣椒　2个	小银鱼高汤　3杯	蒜末　1小勺
蒜（切末）　2瓣	蒜末　1小勺	大酱　1大勺
胡萝卜　70克	香葱（切粒）　2根	辣椒粉　1小勺
洋葱　75克	盐　适量	白糖　1小勺
海鲜（各种）　100克	胡椒粉　适量	香油　1大勺
酱油　3大勺		芝麻　适量
白糖　1大勺		
辣椒油　1大勺		
香油　1大勺		
干辣椒丝　适量		
香葱　适量		

海鲜杂菜盖饭

1 粉条提前煮好后沥水。

2 用中火翻炒切碎的干辣椒和蒜末。加入胡萝卜和洋葱一同翻炒。

3 加入收拾好的各种海鲜，继续翻炒。

4 炒熟海鲜后，加入粉条翻炒一会儿，再加入酱油和白糖调味。关火，加入辣椒油和香油，搅拌均匀。

5 米饭盛入碗中，倒入炒好的食材，最后用干辣椒丝和香葱装饰即可。

明太鱼子辣白菜汤

1 明太鱼子切成适当大小的块，辣白菜切小块。

2 小银鱼高汤烧开后，加入辣白菜和蒜末煮
  5~6分钟，关火，加入明太鱼子再煮1~2
  分钟。

3 加入盐和胡椒粉调味，撒香葱粒。

大酱拌菠菜

1 烧开的盐水中放入菠菜焯一下，用凉水冲洗，沥水，切成
  5厘米长的段。

2 大碗中加入备好的调料酱食材和菠菜搅拌均匀。

花蛤西红柿浓汤+炸土豆饼+胡萝卜沙拉

　　油炸制作的土豆饼，一次可以制作较多的量，储存起来随吃随取非常方便。再搭配彰显个性的花蛤西红柿浓汤，以及添加了葡萄干、炒杏仁的胡萝卜沙拉，让您的周末从可口的美食开始。

食材

花蛤西红柿浓汤

花蛤　150克

蟹味菇　50克

口蘑　4个

莲藕　80克

洋葱　75克

蒜　1瓣

橄榄油　适量

西红柿（罐头）　200克

白葡萄酒　2大勺

水　1.5杯

浓缩鸡汤　1小勺

牛至（干）　1/2小勺

盐　1/2小勺

胡椒粉　适量

炸土豆饼

洋葱　120克

土豆　200克

鸡蛋　1个

盐　1小勺

胡椒粉　1小勺

面粉　2大勺

面包粉　1杯

食用油　适量

酱汁　适量

胡萝卜沙拉

胡萝卜　200克

葡萄干　1大勺

炒杏仁　5个

盐　1/3小勺

香芹　适量

调料汁

盐　2/3小勺

白糖　1小勺

醋　1大勺

橄榄油　1大勺

花蛤西红柿浓汤

1 花蛤用盐水去除淤泥，洗净，沥水。蟹味菇去掉根部，用手撕碎。口蘑切成4等份。莲藕切成1.5厘米的小方丁，在加入了醋的水中浸泡5分钟。洋葱、蒜切末。

2 烧锅中倒入橄榄油，加入洋葱末和蒜末，用小火翻炒一会儿，加入莲藕。莲藕熟到一定程度后，加入花蛤和白葡萄酒，盖上锅盖焖2~3分钟。待花蛤张嘴，捞取。

3 捞取花蛤后，锅中加入蘑菇、西红柿、水、浓缩鸡汤，盖上锅盖，用中火煮10分钟。

4 重新加入花蛤，再加入牛至、盐、胡椒粉，烧开后关火。

炸土豆饼

1 平底锅中加入食用油、切碎的洋葱，翻炒20分钟。

2 蒸（或煮）好的土豆碾碎，同胡椒粉和炒好的洋葱一起搅拌均
匀。把土豆泥分成4等份，按成饼状，先裹一层鸡蛋面粉（鸡蛋
打成蛋液，加入面粉，用盐调味），再裹一层面包粉，在预热到
175℃的油锅中油炸。

3 油炸好的土豆饼放在厨房用纸上去油。

4 根据喜好搭配酱汁即可。

胡萝卜沙拉

1 胡萝卜去皮，切成5厘米长的丝，加入盐，
放进冰箱中腌制10分钟。腌制后的胡萝卜丝
去除水分。

2 用备好的食材制作调料汁，同胡萝卜和葡萄
干一起搅拌均匀。

3 炒杏仁和西芹切碎。

4 搅拌好的胡萝卜和葡萄干装盘，最后撒上炒
杏仁和香芹即可。

烤咖喱奶酪饭+炒鲜蔬+芒果果昔

即便不添加任何食材也会非常美味的咖喱饭，在添加了奶酪之后，会使咖喱饭的味道更加与众不同。另外，看着就让您食欲大增的五颜六色的炒鲜蔬，搭配芒果果昔，会让您的周末变得格外悠闲快乐。

食材

烤咖喱奶酪饭

洋葱（切丝） 140克

胡萝卜（切末） 100克

芹菜（切末） 50克

苹果 100克

水 5杯

月季花叶 2片

牛肉（臀肉） 100克

咖喱 50克

米饭 适量

鸡蛋（半熟） 1个

比萨奶酪 3大勺

食用油 适量

炒鲜蔬

西蓝花 40克

土豆 100克

洋葱 30克

胡萝卜 10克

蒜 1瓣

培根 2片

食用油 适量

水 2大勺

盐 1/4小勺

胡椒粉 适量

黄油 1大勺

芒果果昔

芒果（取果肉） 100克

酸奶（原味） 1/2杯

蜂蜜 1大勺

冰块 5~6块

薄荷叶 2~3片

烤咖喱奶酪饭

1 倒入了食用油的平底锅中加入洋葱丝、芹菜末、胡萝卜末翻炒。

2 碾碎苹果。

3 步骤1中倒入水，烧开后加入碾碎的苹果和月季花叶。再加入牛肉，调成中火煮40分钟左右。待牛肉肉质变软，加入咖喱搅拌均匀。

4 烤箱容器中盛入适量的米饭，再放上半熟的鸡蛋，加入足量的比萨奶酪后放入烤箱中烤制。

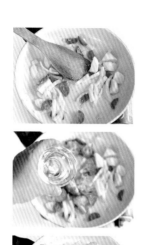

炒鲜蔬

1 西蓝花、土豆、洋葱切适当的大小，胡萝卜切半圆片，蒜切末。培根切成3厘米长的片。

2 在倒入了食用油的平底锅中翻炒一会儿蒜，加入西蓝花、土豆、胡萝卜、洋葱、水，盖上锅盖，用中火焖制。

3 过一会儿后加入培根、盐、胡椒粉，翻炒一会儿后加入黄油炒匀即可。

芒果果昔

1 除薄荷叶外，所有食材倒入搅拌机（芒果果肉一部分切粒）。

2 食材搅拌好后倒进杯子中，用芒果粒和薄荷叶装饰即可。

炒米粉+圆白菜汤+芥末土豆沙拉

泰式炒米粉使用了一种由泰国鱼露调制的酱料，味道独特，搭配微甜的圆白菜汤和爽口的芥末土豆沙拉，这绝对是完美的组合。

食材

炒米粉

米粉　50克

鸡蛋　1个

洋葱　50克

鸡胸肉　50克

蒜　1瓣

虾　5只

干虾　20克

绿豆芽　100克

韭菜　5根

酸橙　1/2个

碎花生　1大勺

香菜　适量

食用油　适量

调料酱

泰国鱼露　1大勺

辣椒酱　1大勺

酱油　1大勺

白糖　1小勺

圆白菜汤

洋葱　70克

胡萝卜　50克

圆白菜　2片

固体鸡汤　1块

水　3杯

盐　1/2小勺

胡椒粉　适量

芥末土豆沙拉

洋葱　40克

培根　1片

土豆　200克

调料汁

芥末粒　1/2大勺

醋　1/2大勺

橄榄油　1/2大勺

酱油　1小勺

蜂蜜　1小勺

盐　适量

胡椒粉　适量

炒米粉

1 米粉在凉水中浸泡1小时左右。洋葱切片，鸡胸肉切小块，蒜切末。

2 用备好的食材制作调料酱。

3 鸡蛋炒好后，暂时装盘。

4 平底锅中放入食用油，爆香蒜末。先炒一会儿洋葱片，加入鸡胸肉，过一会儿加入虾和干虾一同翻炒。虾炒熟之后，加入绿豆芽和韭菜，稍微炒一会儿后加入鸡蛋，再加入米粉，继续翻炒。

5 米粉变软之后，加入调料酱搅拌均匀。

6 炒好的米粉装盘后，均匀挤上酸橙汁，最后撒上碎花生和香菜即可。

圆白菜汤

1 洋葱和胡萝卜切丝，圆白菜用手撕成适当的大小。

2 烧锅中倒入水，加入固体鸡汤，烧开后加入蔬菜煮15~20
分钟。

3 用盐和胡椒粉调味后，关火。

芥末土豆沙拉

1 洋葱切丝，在凉水中浸泡5分钟。培根切成0.5厘米长的片，用
中火烤2~3分钟之后，放在厨房用纸上去油。

2 用备好的食材制作调料汁。

3 土豆蒸熟出锅后，用餐具碾碎。加入步骤1中的食材和调料汁
搅拌均匀。

PART4　下酒菜

单身族的日常生活中，完成一天的工作后，

一个人在家喝一杯，也是很幸福的事情。

如果厌倦了一成不变的干货下酒菜，

您可以尝试亲自制作色香味俱全的人气菜品。

明太鱼子酱鸡蛋卷

加入了味道微咸的明太鱼子酱制作的鸡蛋卷，浇上带有海洋气息的紫菜酱料，制作成了这道下酒菜，不管是同烧酒还是其他酒类配在一起，都是首选的美食。而这道菜的关键在于明太鱼子酱只需要半熟。

鸡蛋　3个

明太鱼子酱　适量

食用油　适量

紫菜酱料

烤紫菜　1片

大葱　1/2根

水　1/3杯

酱油　1大勺

白糖　1小勺

淀粉　1小勺

1　打好鸡蛋液。

2　平底锅中倒入食用油和鸡蛋液，蛋液凝固后，将明太鱼子酱以长条状放在鸡蛋饼上面，慢慢卷起，放凉。

3　烤紫菜用手撕碎，大葱斜切成片。

4　烧锅中倒入水、烤紫菜、大葱，煮开。

5　煮开后，加入酱油和白糖，再用淀粉调好稠度。

6　放凉的鸡蛋卷切成适当的大小，装盘后浇上紫菜酱料即可。

海鲜葱饼

这是一道外酥里嫩的海鲜饼，非常适合搭配米酒，关键在于蘸酱。也可以根据喜好添加虾或者生蚝，化身为高级海鲜饼。

鱿鱼　1/2条	1　鱿鱼去内脏，洗净，切成适当的大小。
蛤蜊肉　50克	2　蛤蜊肉用盐水轻轻搓洗，沥水。
胡萝卜　30克	3　胡萝卜、洋葱切丝，香葱、韭菜切成5厘米长的段。
洋葱　40克	4　大碗中倒入面粉、水、盐，和好面后加入步骤1～步骤3
香葱　5根	的食材继续搅拌。
韭菜　5根	5　平底锅中倒入食用油以及和好的面糊，摊成面饼，两面
面粉　1杯	煎至金黄色。
水　1杯	6　用备好的食材制作蘸酱，搭配海鲜葱饼一同食用。
盐　2小勺	
食用油　适量	

蘸酱　　　　　　　　白糖　1小勺

蒜（切末）1瓣　　　香油　1大勺

大葱（切末）1/3根　醋　4大勺

酱油　4大勺　　　　芝麻　1大勺

辣椒粉　1小勺

牛肉沙拉

一个人在家喝一杯时偶尔也会需要上档次的下酒菜，而牛肉沙拉正符合这种要求。做沙拉用的牛肉用来烤着吃也非常美味。

萝卜　70克

牛肉（切厚片）　200克

豆苗　30克

洋葱　40克

山姜　10克

苏子叶　2片

生菜　1片

食用油　适量

调料汁

柚子酱　1/3杯

姜末　1小勺

蒜末　1小勺

香油　1大勺

1　萝卜去一层厚皮，用擦菜板擦成丝，取2大勺萝卜丝暂时放一边。

2　在预热的平底锅中倒入1大勺食用油，放入牛肉前后煎烤4~5分钟。

3　烤好的牛肉浸泡在步骤1中，放进冰箱里30分钟以上，使牛肉入味。

4　豆苗切掉根部，洋葱、山姜切丝。

5　用备好的食材制作调料汁。

6　盘子中先后垫上生菜、苏子叶，再放上牛肉。

7　先洒入调料汁，再放上萝卜丝、豆苗、洋葱丝、山姜丝即可。

甜椒什锦菜

把准备好的食材全部切条，尝试一下制作外观漂亮的甜椒什锦菜。用清脆的甜椒和竹笋以及有嚼劲的牛肉制作的甜椒什锦菜味道微辣微咸，是再合适不过的下酒菜了。配任何酒都很赞。

牛肉　50克

青椒　2个

红彩椒　40克

黄彩椒　40克

竹笋　40克

辣椒油　2大勺

蒜末　1小勺

姜末　1小勺

伍斯特辣酱油　1大勺

酱油　1小勺

白糖　1小勺

花卷　2个

牛肉腌料

酱油　1小勺　　　生姜汁　1小勺

胡椒粉　适量　　　淀粉　适量

1 牛肉切丝，用酱油、胡椒粉、生姜汁腌制好后，裹一层淀粉。

2 青椒、红彩椒、黄彩椒、竹笋切成适当长度的条。

3 平底锅中倒入辣椒油，翻炒蒜末、姜末。

4 炒出辣味后，翻炒一会儿牛肉丝，再加入所有蔬菜条。

5 加入伍斯特辣酱油、酱油和白糖，炒一会儿后装盘。

6 放上花卷即可。

拌海螺

不可否认，拌海螺是深受人们喜爱的下酒菜。微酸微甜又筋道的拌海螺，还可以添加点辣味。即便在毫无准备的情况下家里来了客人，也可以瞬间做出一道像样的下酒菜。

鱿鱼　30克

海螺（罐头）　1罐

黄瓜　40克

洋葱　30克

龙须面　2人份

调料酱

蒜　1瓣

辣椒粉　1/2大勺

辣椒酱　1/2大勺

白糖　1/2大勺

醋　1大勺

香油　1/2小勺

胡椒粉　1/2小勺

芝麻　1/2大勺

1　鱿鱼在水中浸泡5分钟后，切成适当长度的鱿鱼条。

2　海螺用清水冲洗后，切成适当的大小。

3　黄瓜切半后，斜切成片。

4　洋葱切丝。

5　用备好的食材制作调料酱。

6　煮好的龙须面过凉水后，卷成小卷放到盘子中。

7　其他食材用调料酱拌好之后，也装入盘中即可。

奶酪球

　　想喝杯红酒的时候，手抓食物是最好的下酒菜。适合配红酒的奶油球，可以同时品尝3种不同的味道。如果感觉有些饿，再配上饼干或面包也很不错。

奶油奶酪　100克	1	奶油奶酪分成3块（30克的2块，40克的1块）。
碎核桃　1大勺	2	葡萄干在朗姆酒中浸泡10分钟后切碎，同1块30克的奶油奶酪拌匀后，捏成2个葡萄干奶酪球。
葡萄干　1大勺	3	碎核桃同另一块30克的奶油奶酪拌匀后，捏成2个核桃奶酪球。
朗姆酒　1大勺		
火腿　2片	4	40克的奶油奶酪再分成2块20克的奶油奶酪，捏成球状，用火腿包裹。
枫糖浆　1大勺	5	最后，葡萄干奶酪球可直接装盘，核桃奶酪球上洒枫糖浆装盘，火腿奶酪球上洒橄榄油和胡椒粒装盘。
橄榄油　1大勺		
胡椒粒　适量		

熏三文鱼烤面包

　　稍微带有咸味的熏三文鱼和牛油果是绝配美食。在烤至酥脆的面包上面，用牛油果加以装饰做成下酒菜，不管是在家里还是外出郊游都会让你非常喜欢。还可以根据喜好加点奶酪食用。

法式长棍面包　1/2个

洋葱　40克

牛油果　1个

柠檬汁　1大勺

盐　1/2小勺

熏三文鱼　10块

奶酪　3大勺

香草　适量

胡椒粒　适量

1　法式长棍面包切成薄片后，烤成金黄色。

2　洋葱切丝后，浸泡在凉水中，再沥水。

3　牛油果取果肉，同柠檬汁、盐搅拌均匀。

4　面包上面按顺序放上牛油果、熏三文鱼、奶酪。

5　最后摆上洋葱、香草，撒上胡椒粒装饰即可。

烤菠萝火腿

烤菠萝火腿是别有一番风味的下酒菜。尤其结合意大利香醋和芥末粒制作的蘸料会使火腿的口感更加突出。

火腿（1厘米厚） 1片
菠萝（切厚片） 1块
意大利香醋 1大勺
芥末粒 1小勺
胡椒粒 适量
食用油 适量

1 在预热的平底锅中倒入食用油，放入火腿、菠萝，烤完装盘。
2 平底锅中加入意大利香醋和芥末粒，稍微焖一会儿后，均匀淋入装火腿和菠萝的盘子中，最后撒胡椒粒。

辣白菜嫩豆腐

记得在学生时代，每次去饭馆都会点上辣白菜豆腐当作下酒菜。而如今按照我自己的风格，用嫩豆腐代替了一般豆腐。再配上添加了更多辣椒酱和香油的辣白菜，瞬间变成了更加美味的下酒菜。

洋葱　40克

年糕片　200克

食用油　适量

猪肉　100克

辣白菜　120克

辣白菜汤　3大勺

盐　1大勺

水　适量

嫩豆腐　1/2块

芝麻　适量

调料酱

辣椒酱　2/3大勺

白糖　1/3大勺

香油　1大勺

1　洋葱切丝。

2　年糕片用热水焯2~3分钟。

3　倒入食用油的平底锅中，按顺序加入猪肉、洋葱、辣白菜、辣白菜汤、年糕片翻炒。

4　用备好的食材制作调料酱，加入平底锅中继续翻炒食材。

5　在另一口烧锅中加入水、盐和嫩豆腐，用小火烧开，捞出烧开的嫩豆腐，切成适当大小的豆腐块。

6　炒好的步骤4和嫩豆腐一同装盘，撒上芝麻。

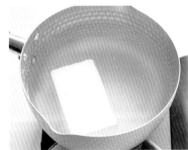

PART5　甜品

吃甜品是否有利于缓解精神压力，虽然有各种不同
的说法，但是每当心情郁闷时总会想来一份甜品。
下面介绍一些有助于缓解精神压力的甜品。

法式吐司

　　用简单而又容易采购的食材，任何人都可以制作这种法式吐司，不管是当作早餐还是午餐，都非常不错。可以根据自己的喜好随意配上香蕉、草莓等各种水果，或者坚果类以及各种酱汁。

鸡蛋　1个

牛奶　1/3杯

奶油　2大勺

盐　适量

食用油　适量

草莓　3个

蓝莓　10个

法式长棍面包　2块

黄油　1小勺

枫糖浆　1~2大勺

打发的奶油　少量

1　鸡蛋打成蛋液，与奶油、牛奶、盐搅拌均匀。

2　草莓洗净后切成适当的大小。蓝莓洗净，沥水。

3　面包用搅拌好的步骤1充分浸湿后，放在倒入了食用油的平底锅中，烤成金黄色。锅中加入黄油，化开，用面包蘸上黄油。

4　面包和水果装盘。

5　根据喜好洒点枫糖浆或打发的奶油即可。

苹果桂皮香料比萨

　　香脆可口的苹果桂皮香料比萨非常适合当作早午餐。热乎乎的比萨上放上冰凉的香草冰淇淋更加完美。

苹果　50克

比萨饼（面饼）　1张

苹果酱　2大勺

桂皮香料　2小勺

白糖　2小勺

香草冰淇淋　1勺

1　苹果切片，浸泡在白糖水中5分钟，防止氧化。

2　比萨饼上用叉子扎几个孔，充分抹上苹果酱。

3　在比萨饼上放上苹果片，放入烤箱中烤5分钟。

4　烤完后的比萨饼上均匀地撒上搅拌好的桂皮香料和白糖，放上冰淇淋。

南瓜粥

　　想喝南瓜粥的时候可以选择购买大小适当、价格实惠的甜南瓜。虽然老南瓜的味道也很好，但是甜南瓜本身带有较浓的甜味，不需要额外添加白糖。

甜南瓜　200克

水　2杯

糯米粉　1/2杯

盐　适量

红豆　2大勺

开水　1/3杯

1 甜南瓜去皮，切小块。

2 烧锅中加入水和切好的南瓜，用中火烧开。

3 糯米粉中加入适量的盐，加入开水揉匀，制作成适当大小的糯米团糕。

4 步骤2中的南瓜烧开后，全部碾碎，加入1/2小勺盐和2大勺红豆，搅拌均匀。

5 步骤4中加入糯米团糕搅拌，并用小火烧开。

6 煮到糯米团糕有嚼劲后，关火，盛碗。

绿茶冻糕

您可以尝试在绿茶冰淇淋中添加红豆，再添加筋道的糯米团糕和带有香气的油茶面儿，会成为既美观又美味的绿茶冻糕。只要按顺序倒入杯中，一点儿不亚于外面售卖的经典甜品。

即食谷物　适量

奶油　2大勺

绿茶冰淇淋　1勺

红豆　1大勺

油茶面儿　适量

糯米团糕

糯米粉　1大勺

开水　2大勺

盐　适量

白糖　适量

1　先制作糯米团糕。将食材混合，和好面后捏成糯米团糕。

2　捏成的糯米团糕放入开水中煮3~4分钟，待浮起后捞取，浸泡入凉水中冷却。

3　往透明的杯子里按顺序倒入即食谷物、奶油、绿茶冰淇淋，再添加适量的红豆、糯米团糕、油茶面儿即可。

草莓糯米糕

　　无论多么不擅长做料理，这款甜品也是您可以制作出来的。简单而又美观的草莓糯米糕一向都有很高的人气。也可以用香蕉代替草莓，如果再添加些栗子或核桃仁，味道也会很独特。

糯米面　1大勺

水　1/4杯

白糖　1大勺

低筋面粉　3大勺

豆沙馅　1千克

草莓　4个

食用油　适量

1　向糯米面中加入水，慢慢搅拌，避免结块。

2　步骤1中加入低筋面粉、白糖，搅拌好后用筛子过滤，过滤好的面糊用保鲜膜包好，常温下存放30分钟。

3　豆沙馅分成4等份，平铺。草莓洗净，去蒂。

4　平底锅中倒入适量食用油，舀2大勺步骤2中的面糊，放入平底锅中平铺后用中火两面煎制。

5　煎好的糯米饼放到厨房用纸上冷却。

6　用平铺好的豆沙馅包好草莓后，放到糯米饼上，再将糯米饼用力包好即成。

香蕉提拉米苏

　　如果已经厌倦了普通的提拉米苏，那么换成用香蕉作点缀的提拉米苏怎么样？浓浓的咖啡、嫩滑的马斯卡邦尼奶酪，以及香蕉都是很适合搭配在一起的食材。另外，还可以用草莓、桃、芒果代替香蕉。

海绵蛋糕（市售）　适量

浓缩咖啡　1/3杯

香蕉（切片）　1根

奶油

马斯卡邦尼奶酪　125克

鸡蛋（取蛋黄）　1个

朗姆酒　1/8杯

白糖　30克

鲜奶　3/4杯

可可粉　适量

1　结合容器口径的大小，将海绵蛋糕切成1厘米厚的圆形。

2　碗中倒入马斯卡邦尼奶酪、蛋黄、朗姆酒、白糖搅拌均匀。

3　鲜奶搅打产生气泡后，倒入步骤2中，慢慢搅拌。

4　容器中铺上海绵蛋糕，用刷子蘸取浓缩咖啡，充分涂湿海绵蛋糕后，倒入步骤3制成的食材的一半，抹平。再平铺香蕉片。

5　倒入步骤3剩余的食材，抹平后撒上用筛子筛好的可可粉即可。

黑芝麻布丁

您可以用对身体有益的黑芝麻粉，制作黑芝麻布丁，既健康又可口。

凝胶粉　5克

水　2大勺

黑芝麻酱　3大勺

牛奶　1/2杯

白糖　1大勺

黑芝麻粉　1大勺

红糖浆（用水、红糖制作）　1大勺

油茶面儿　1小勺

1 凝胶粉用水浸泡。

2 烧锅中加入黑芝麻酱、牛奶和白糖，用中火烧开，中途用木制锅铲搅拌。

3 待白糖全部化开，关火，加入用水浸泡好的凝胶粉，用木制锅铲搅拌，使其溶化。

4 步骤3用筛子过滤后倒入碗中，再把碗放进凉水中冷却。

5 冷却到一定程度后倒入容器中，放进冰箱中3~4小时制成布丁。

6 将3大勺水、3大勺红糖混合搅拌均匀，制作红糖浆。

7 最后，用勺子舀出步骤5制成的布丁倒入碗中，再撒上黑芝麻粉、红糖浆和油茶面儿即可。